미래를 여는 소비

미래를 여는
소비

안젤라 로이스턴 글 | 김종덕 편역

다섯수레

미래를 여는 분별 있는 소비

최근 몇 년 사이에 극지방에서는 빙하가 녹아내리고, 세계 곳곳에서는 때 아닌 홍수와 가뭄, 이상 고온 현상으로 어려움을 겪고 있다. 이른바 지구 온난화가 진행되고 있는 것이다. 지구 멸망을 다룬 영화와 소설 속 이야기가 상상의 산물만은 아니다. 우리는 현재의 삶이 미래에도 지속 가능한지가 불확실한 시대에 살고 있다. 생각 없이 일상을 반복할 것이 아니라, 지속 가능한 미래를 위해 저마다 어떻게 살아야 할지를 심각하게 고민할 때이다.

이 책은 이런 시대적 요구를 반영하여 무절제한 소비가 환경에 미치는 위험성을 알리기 위해 기획되었다. 소비와 환경, 미래의 관계를 살펴보고 우리의 소비 습관을 다시 한번 생각해 보는 계기가 되었으면 한다.

현대인들은 대부분 소비를 통해 자신이 다른 사람보다 뛰어나다는 것을 과시하고 싶어 한다. 최신 기종의 휴대 전화나 값비싼 명품 가방을 사는 건 그런 이유에서이다.

사람들은 값싼 제품에 현혹되어 당장 필요하지 않은 것을 사기도 한다. 사실, 값싼 제품이 넘쳐 나는 현상의 이면에는 기업의 전략이 숨어 있다. 기업들은 값싼 제품을 대량으로 공급하기 위해 수단을 가리지 않는다. 이 때문에 자원이 남용되며 지구 온난화가 가속화된다. 그뿐만 아니라 일하는 사람들의 인권이 짓밟히고, 개발 도상국의 소중한 자원과 부(富)가 선진국으로 빠져나간다.

사람들은 자신이 어느새 소비의 노예가 된 것을 알지 못하고, 소비를 많이 할수록 행복해진다고 생각한다. 젊은 세대일수록 더 그렇다. 과연 소비를 많이 하면 행복해질까?

2009년에 영국 신경제재단이 세계 143개국을 대상으로 기대 수명, 생활 만족도, 생태 발자국 등을 반영하여 행복 지수를 계산한 결과 코스타리카가 1위, 도미니카공화국이 2위를 차지했다. 스웨덴은 53위, 프랑스는 71위, 영국은 74위, 미국은 114위였고, 우리나라는 68위를 차지했다. 경제적으로 풍요로운 선진국들이 행복 지수가 낮은 것은 소비가 행복과 바로 연결되지 않음을 말해 준다.

인간을 소비 동물이라고 할 만큼, 소비는 우리 생활과 밀접하게 연결되어 있다. 더구나 자본주의는 생산과 소비의 두 날개로 지탱되기 때문에 소비는 생산 못지않게 중요한 기능을 한다. 필요한 만큼의 소비는 경제를 활성화하고 사람들의 생활을 윤택하게 한다.

문제는 무분별한 소비이다. 과잉 소비와 불필요한 소비는 환경을 파괴함은 물론 자원을 낭비하게 한다.

우리는 제대로 된 소비를 함으로써 소비의 순기능을 진작하고, 소비주의가 일으키는 여러 가지 문제를 줄여 나가야 한다. 소비를 제대로 하려면 우리의 생활을 바꾸어야 한다. 꼭 필요할 때만 물건을 사고, 가능하면 고쳐서 쓰고, 재활용을 해야 한다. 음식도 생산하는 데 많은 자원이 들어가므로 되도록 남기지 말아야 한다.

제대로 된 소비는 비교적 이른 나이에 생활 습관이 되어야 한다. 이 책을 통해 한창 소비 지상주의에 빠져들기 쉬운 젊은 세대가 자신의 생활과 소비 습관을 돌아보기를 바란다. 이러한 성찰을 통해 청소년들이 소비의 의미를 새롭게 인식하고, 혼자만이 아니라 함께 잘 사는 사회를 위한 소비에 관심을 갖게 되었으면 한다. 또한 분별 있는 소비, 지속 가능한 소비를 실천하게 된다면, 편역자로서 더없이 기쁘겠다.

마지막으로 청소년들의 미래와 지속 가능한 생활에 관심을 갖고 이 책의 출간에 힘쓴 도서출판 다섯수레에 감사드린다.

2010년 10월

김종덕

차 례

c o n t e n t s

제품이 넘쳐 나는 쇼핑 천국

유럽과 북아메리카 그리고 일본, 오스트레일리아는 쇼핑 천국으로
불린다. 이런 지역의 매장에는 값싼 옷과 최신 기종의 컴퓨터,
텔레비전, 휴대 전화가 넘치고, 사람들은 손쉽게 최신 제품을 고른다.
유행이 지난 것은 쓰레기통으로 직행하기 일쑤다. 슈퍼마켓 진열대에는
전 세계에서 운송된 농산물이 사시사철 가득해서 사람들은
제철이 아닌 농산물도 언제 어디서든 먹을 수 있다. 이처럼 현대 사회는
소비자들에게 다양한 제품을 싼 가격에 공급하고 있다.

선진국
미국이나 오스트레일리아와 같은 국가로 경제가 발달하여 생활수준이 높다.

개발도상국
케냐, 인도와 같은 국가로 대부분의 사람들이 농업에 종사하고 가난하다.

• 값싼 제품으로 가득한 대형 쇼핑몰

기업 전략이 쇼핑 중독을 부른다

선진국에서는 값이 쌀수록 더 많은 사람들이 제품을 구입하는데, 이러한 제품은 보통 대기업들이 만든다. 대기업들은 개발도상국에 진출해 값싼 원료를 얻고, 현지 노동자들에게 되도록이면 적은 임금을 지불하면서 인건비를 줄인다. 이런 생산 과정을 거친 값싼 제품들이 전 세계로 팔려 나간다.

제품을 판매하기 위해 대기업들은 전 세계를 겨냥한 광고에 거액을 쏟아붓는데, 이러한 광고는 항상 대상이 정해져 있다. 예를 들어 패스트푸드 광고는 어린아이들을 대상으로 삼아, 돈을 지불하는 어른들을 매장에 끌어들인다. 미국에서 취학

연령 아동을 대상으로 조사한 결과, 응답자 중 96퍼센트가 광대 분장을 한 맥도날드 캐릭터를 아는 것으로 나타났다. 이 결과는 산타클로스 다음으로 높은 인지도로, 광고의 위력을 분명하게 보여 준다.

사람들은 광고에 현혹되어 필요하지 않은 제품을 구입하기도 한다. 쇼핑 중독자가 늘어날수록 매출액이 끝없이 늘어 기업들은 이득을 보게 된다.

현대 사회에서 소비가 중요해진 이유는 무엇일까?

자본주의의 발달로 기술이 개발되고 로봇을 현장에 투입하는 등 기계를 이용하면서, 현대 사회는 적은 노동력으로도 제품을 대량 생산하게 되었다. 그 결과 생산 가치가 떨어지는 대신 판매의 중요성이 떠오르기 시작했다.

기업들이 다양한 판매 전략으로 사람들을 부추기는 탓에 현대 사회에서는 이른바 '소비하는 인간(호모 콘수멘스, Homo Consumens)'이 가장 행복한 인물로 그려진다. 사람들은 자수성가한 사람이나 창업자, 개척자의 생애보다 돈 많은 영화배우나 스포츠 스타의 소비에 더욱 열광한다. 그들처럼 소비를 많이 할수록 더 행복해진다고 믿는 사람도 늘어나고 있다.

그런데 소비를 통해 사람들이 얻는 것은 무엇일까? 소비의 천국이라 불리는 미국에서는 소비가 다음과 같은 긍정적인 기능을 한다고 이야기되고 있다.

- 빈곤에서 벗어나 물질적 풍요를 누릴 수 있다.
- 전통 사회에 있었던 계층 사이의 소비 격차를 없애고,
  소비 생활의 민주화를 이룰 수 있다.
- 물건을 마음껏 고를 수 있는 자유가 확대된다.
- 새로운 제품을 구입하는 것이 곧 진보이다.

출처 : 박명희, 《생각하는 소비문화》, 교문사

미국의 사회학자 베블렌(Veblen)은 사람들이 자신을 과시하고 사회적 지위를 인정받기 위해 소비한다고 주장했다. 무리해서 값비싼 외제 차나 명품 가방을 사는 것이 그러한 예라 할 수 있다. 현대인들은 무한한 욕망을 채우기 위해 소비한다. 소비 사회에서 생겨난 쾌락적 자아가 소비를 더욱더 부추기고 있는 셈이다.

소비 중독증인 어플루엔자가 늘고 있다

전 세계에서 널리 퍼지고 있는 소비 중독증을 어플루엔자라고 한다. 어플루엔자는 풍요를 뜻하는 어플루언스(affluence)와 유행성 감기를 뜻하는 인플루엔자(influenza)의 합성어이다. 어플루엔자에 걸린 사람들은 마치 굶주렸다가 허겁지겁

배를 채우듯 엄청나게 많은 상품을 산다. 그 결과 파산하기도 하고 구입 대금을 메우느라 과로에 시달리기도 한다. 아이들도 쇼핑의 포로가 되어, 미국 10대 소녀들 가운데 99퍼센트가 가장 좋아하는 활동으로 쇼핑을 꼽을 정도이다.

이처럼 어플루엔자가 퍼지는 데는 개인적인 요인, 제품의 대량 생산, 광고와 대형 쇼핑몰뿐만 아니라 컴퓨터, 바코드 등 사회적, 기술적 조건이 작용하고 있다.

효율적인 쇼핑 환경이 판매를 부추긴다

최근에는 효율적인 쇼핑을 위해 상점들이 모여 있는 쇼핑몰이 늘어났다. 사회학자 코윈스키는 몰을 "고도로 효율적이고 효과적인 판매 기계"라고 표현했다. 사람들은 몰 안에서 여러 매장을 둘러보며 필요한 물건을 살 수 있다. 쇼핑몰에는 쇼핑 외에 식사, 영화 관람, 도서 구입, 운동을 할 수 있는 시설도 마련되어 있어서, 사람들은 다른 곳으로 이동하지 않고 쇼핑몰 안에서 여러 가지 일을 할 수 있다.

쇼핑몰을 이용하는 것보다 더 효율적인 방법도 있다. 집에서 쇼핑하는 것이다. 소비자들은 다양한 상품이 등장하는 홈 쇼핑 방송을 보면서 전화로 간편하게 상품을 구입할 수 있다. 인터넷에 접속하여 구입하는 방법도 있다. 홈 쇼핑이나 인터넷 쇼핑은 판매업자들에게도 효율적이다. 매장이 필요 없으므로 판매비를 크게 줄이면서 많은 고객을 한꺼번에 접할 수 있기 때문이다.

결제 수단에도 효율적인 것이 있다. 신용 카드는 소매업자와 소비자 모두에게 효율적인 결제 수단이다. 신용 카드를 갖고 있는 소비자는 현금이 없거나 통장에 잔고가 없어도 결제를 할 수 있다. 신용 카드 결제를 하면 소매업자는 거스름돈을 일일이 계산하지 않아도 된다. 또 카드사에서 제공하는 할부제 등을 이용해 현금이 없는 소비자들에게 많은 상품을 팔 수도 있다.

과도한 소비의 그늘에 개발도상국이 있다

중국과 인도, 파키스탄, 동남아시아, 라틴아메리카 등의 노동자들은 대부분 이러한 쇼핑을 즐길 수 없고, 이들이 만든 상품은 다른 나라로 운송된다. 이들은 아주 적은 임금을 받는다. 가족의 생계를 위해 돈벌이에 나선 어린이들의 임금은 두말할 것도 없다. 이렇게 인건비가 적게 들므로 이들이 만든 제품은 값쌀 수밖에 없다.

대기업들은 이런 개발도상국의 하청 회사에게 원자재와 기술을 제공하면서 제품을 싼값에 납품하도록 요구한다. 대기업의 목표는 더 많은 이윤을 남기고 세계 시장의 경쟁에서 살아남는 것이기 때문이다. 하청 회사는 대기업의 요구에 맞추기 위해 노동자들의 임금을 낮출 수밖에 없다. 게다가 어떤 기업들은 장시간 노동을 시키거나 노조 설립을 막기도 한다. 제품 생산자가 아닌 주문자의 상표를 다는 생산 방식(OEM)을 통해 대기업들은 공장을 소유하지 않고도 필요한 제품을 공급할 수 있다. 이 경우에도 제품 생산자인 노동자에게 돌아가는 몫은 상대적으로 적다.

이것은 단지 개발도상국 노동자의 문제만이 아니다. 과도한 소비에 빠진 선진국 사람들 역시 문제에 직면해 있다. 실제로 현대인들은 소비를 통해 행복해지기가 쉽지 않다. 영국 신경제재단이 발표한 행복 지수에 따르면 소비 수준이 높은 나라의 행복 지수가 개발도상국의 지수보다 낮았다고 한다.

소비자의 권리와 책임은 무엇인가?

대량 생산과 과소비로 인한 여러 문제에 직면하여 국제소비자연맹(International Organization of Consumers Unions, IOCU)은 소비자의 권리와 책임을 다음과 같이 발표했다.

- 소비자의 권리
- 기본 욕구와 안전에 대한 권리
- 상품과 서비스의 정보를 알고 자유롭게 선택할 권리
- 소비자로서의 의사가 반영되고 피해를 보상받을 권리

- 소비자 교육을 받을 권리
- 건강한 환경에서 살 권리

• 소비자의 책임
- 상품과 서비스의 가격과 질에 대한 비판적 사고
- 공정성이 담보되었는지 확인하고 행동할 책임
- 소비가 다른 사람들과 환경에 미치는 영향을 인식하고,
  이에 따라 행동할 책임
- 다른 소비자들과 힘을 모아 소비자의 이익을 보호하고
  증진시킬 책임

왜 대체 에너지를 개발해야 하나?

전자 제품 등 우리가 일상생활에서 사용하는 제품 중에는
땅속에서 캐내는 자원을 가지고 만든 것이 많다. 플라스틱과
같은 합성 물질도 석유로 만든 것이다. 자원 중에는 아직 많이
매장되어 있는 것도 있지만, 공급 부족이 우려되는 것도 있다.
세계 곳곳에서 자원을 마구잡이로 캐내어 매장량이 갈수록 줄
어들고 있기 때문이다. 머지않아 이러한 자원을 가지고 만드
는 제품의 생산과 공급에 큰 차질이 생길 수 있다.

공장에서 제품을 만드는 기계는 보통 전기로 작동하는데,
전기는 석탄과 석유, 천연가스 등을 태우는 발전소에서 생산

합성 물질
플라스틱, 나일론, 아
크릴 등 석유로 만드
는 물질

된다. 석탄, 석유, 천연가스 등은 화석 연료로 불리는데 이들 역시 중요한 자원이다. 사람들이 많이 소비할수록 제품의 생산과 공급에 필요한 자원 또한 사용량이 늘어날 수밖에 없다. 이는 자원 부족보다 훨씬 더 심각한 문제인 지구 온난화를 가져온다.

화석 연료를 연소하여 전기를 생산하는 화력 발전소가 지구 온난화의 주범 중 하나로 지목되면서, 최근 대안으로 원자력 발전이 주목을 받고 있다. 우라늄을 캐내고 수송하는 과정 그리고 발전에 따른 열의 방출을 감안하더라도 원자력 발전이 화력 발전보다는 지구 온난화에 끼치는 영향력이 덜하다는 것

●잠비아에 있는 이 광산에서 나는 구리는 전 세계 각지로 보내진다.

화석 연료
지질 시대에 생물이 땅속에 묻혀 화석처럼 굳어져 오늘날 연료로 쓰는 물질

지구 온난화
지구 표면의 평균 온도가 상승하는 현상

이다. 하지만 원자력 발전에 대해서는 아직 더 많은 논의가 필요하다. 원료인 우라늄의 확보 문제, 방사능 폐기물 처리, 그리고 지진 등으로 원자력 발전 시설이 무너져 방사능이 유출되는 문제, 핵 테러 위험성을 들어 원자력 발전이 화력 발전을 대체할 수 없다는 주장이 설득력을 얻고 있기 때문이다.

원자력 외에도 풍력, 태양광, 조력 발전이 대안으로 떠오르고 있다. 이들의 장점은 원자력 발전에서 일어날 수 있는 위험성이 없다는 것이다. 특히 풍력에 의한 전기 생산이 최근 급성장하고 있는데, 유럽 일부 지역에서는 풍력이 전체 전기 생산량의 25퍼센트를 차지할 정도이다. 우리나라에서는 아직 생산량이 적은 편이지만 앞으로 더 늘어날 전망이다. 태양광 발전, 조력 발전도 역시 빠르게 성장하고 있다.

| 무분별한 개발이 가져온 문제 |

아직도 많은 정부와 기업이 지구 자원을 무분별하게 소비하고 있다. 그러나 다음 세대를 위해 자원을 아끼고 신중히 사용해야 한다고 생각하는 사람들이 늘어나고 있다. 기업들이 자원을 이용하고 약소국 노동자들을 대우하는 방식을 더 엄격히 규제하려면 어떻게 해야 할까?

일상적인 소비에 숨겨진 대가

제품과 농산물을 생산하는 방식은 지구의 자원을
소모할 뿐만 아니라 지구 온난화라는 심각한 문제를 가져온다.
지구의 온도는 점점 올라가면서 빠른 속도로 세계의 기후를
변화시키고 있다. 지구 온난화와 기후 변화는 수많은 사람들을
죽이거나 곤경에 빠뜨릴 크나큰 재앙이다. 이제 우리는
지구의 온난화가 눈앞에 닥친 현실이자 문제라는 것을 인정하고,
이에 대한 대응책을 마련해야 한다.

허리케인
시속 118킬로미터 이
상의 강한 바람과 폭
우를 동반하는 열대
저기압. 대서양 서부
의 카리브 해, 멕시코
만과 북태평양 동부에
서 발생한다.

태풍
북태평양 서남부에서
발생하여 아시아 대륙
동부로 불어오는, 폭
풍우를 동반하는 맹렬
한 열대 저기압

지구 곳곳에서 기후 변화가 일어나고 있다

지구가 더워질수록 더 많은 지역에서 가뭄이 일반화될 것이
다. 이미 아프리카 남쪽으로 확장되고 있는 사하라 사막처럼
다른 지역에서도 훨씬 더 빨리 사막 지역이 확대될 것이다. 이
러한 가뭄으로 농작물이 피해를 입고 가축이 죽고 사람들은
굶주리거나 질병에 걸릴 것이다.

또한 기후 변화로 극단적인 날씨가 예상된다. 일부 지역에
서는 큰비가 내려 강물이 넘치고 농경지가 잠길 것이다. 강력
한 허리케인과 태풍도 자주 발생할 수 있다. 2005년에 실제로
그런 일이 일어났다. 허리케인 카트리나를 포함한 많은 폭풍

우가 미국의 남부 해협과 카리브 해의 섬들을 강타했다. 많은 사람들이 목숨을 잃었고, 천문학적 액수의 금전적 피해가 발생했다.

2005년에 발생한 허리케인 카트리나는 시간당 최대 풍속 225킬로미터로 미국의 뉴올리언스를 강타해 1,800여 명의 목숨을 앗아 갔다. 처음에 카트리나는 뉴올리언스의 방조제로도 충분히 대비할 수 있는 일반 허리케인이었다. 하지만 지구 온난화로 해수면 온도가 상승한 멕시코 만을 거슬러 올라오면서 수증기를 빨아들여 특급 허리케인이 되었다. 해수면

온도가 계속 올라간다면 앞으로 더 많은 허리케인이 특급으로 바뀌어 막대한 인명과 재산의 피해를 가져올 수 있다. 우리나라에도 해마다 수차례 강력한 태풍이 상륙하고 있다.

'불편한 진실' 포스터
지구 온난화는 미국 전 부통령 앨 고어가 다큐멘터리 '불편한 진실'을 만들어 공표하고, 이 공로로 IPCC (기후 변화에 관한 정부 간 패널)와 공동으로 노벨 평화상을 수상한 것을 계기로 국제 사회의 쟁점이 되었다.

지구 온난화는 빨리 진행되고 있다

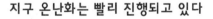

지구 온난화가 장기적으로 가져올 결과는 훨씬 더 심각하다. 세계의 기온이 올라가면 우선 남극과 북극의 두터운 빙하

지구 온난화로 나타나는 현상

온도 상승	결과
섭씨 1도 상승	홍수와 폭풍우, 삼림 화재 증가 수억 명 이상이 물 부족 문제에 직면 산호가 하얗게 탈색되어 죽어 감 저위도 지역의 식량 생산 감소 질병 감염 확대
섭씨 2도 상승	건강 피해 증가 물 10~30퍼센트 감소. 농업용수 부족 저위도 지역의 식량 생산 감소 악화
섭씨 3도 상승	건강 피해 심화. 건조 지대의 물 부족 최대 30퍼센트의 생물종이 멸종 위기에 직면 산호가 광범위하게 멸종. 해양 대순환 약화
섭씨 4도 상승	전 생물의 40퍼센트가 절멸 위기에 직면 건강 피해 확산. 물 부족 확대 가뭄 심화. 연안 습지의 30퍼센트 소멸 육지의 생태계가 탄소 흡수원에서 배출원으로 변화

출처 : 일본 뉴턴프레스, 《지구 온난화》, 뉴턴코리아

가 녹아서 많은 물이 대양으로 흘러들어 해수면이 높아진다. 특히 지구 빙하의 90퍼센트를 차지하고 있는 남극 대륙의 빙하가 다 녹으면 해수면은 약 65미터나 높아진다.

해수면이 조금만 올라가도 낮은 지대의 해변은 잠기고 말 것이다. 이러한 우려가 이미 현실이 된 지역도 있다. 남태평양의 섬나라 투발루는 지구 온난화의 영향으로 주거 지역까지 바닷

물이 들어오고 있다. 지구 온난화
를 막지 못하면 뉴욕이나 런던도
물에 잠길 수 있다.

또한 지구 온난화로 북극해의
해빙이 줄어들어 바다표범의 수
가 감소하는 등 생태계에도 변화
가 일어나고 있다. 예전에는 기후
변화가 수천 년에 걸쳐 서서히 일어나 사람들이 대처할 수 있
었다. 하지만 최근 지구 온난화는 우리가 미처 손쓸 사이도 없
이 너무나 빨리 진행되고 있다.

•2006년 동아프리카
에 닥친 심한 가뭄으
로 수천 마리의 소가
죽고 농작물이 피해를
입었다.

우리나라 역시 지구 온난화의 위협을 받고 있다

최근 한반도 전역의 온도가 상승하고 있다. 실제로 2010년
1월 기상청이 과거(1919~1948년)와 최근 10년간(1999~2008

서울의 계절 길이 변화 예측

	봄		여름		가을		겨울	
1920년대	77일	6/3	110일	9/21		11/20	117일	3/18
1990년대	0일	5/24	+16일	9/27		11/29	-19일	3/8
2040년대	-1일	5/20	+25일	10/2		12/4	-27일	3/5
2090년대	+1일	5/8	+45일		10/10		12/26 -63일	2/19

| 4월 | 5월 | 6월 | 7월 | 8월 | 9월 | 10월 | 11월 | 12월 | 1월 | 2월 | 3월 | 4월 |

※ 2090년대에 서울은 1920년대에 비해 겨울이 두 달 이상 짧아질 것으로 예상된다.

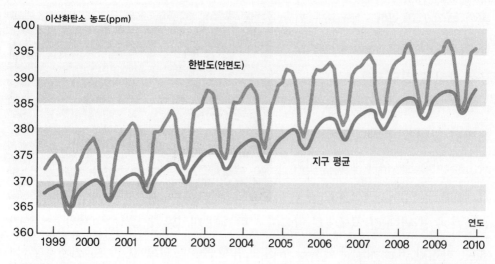

이산화탄소 농도(ppm)

한반도(안면도)

지구 평균

연도

한반도와 지구 이산화탄소 농도

매년 여름 이산화탄소 농도가 낮아졌다가 겨울에 높아지는 이유는 여름에
식물의 광합성 현상이 겨울에 비해 활발하기 때문이다.

출처 : 기상청

•2010년 7월 기상청은 이산화탄소 농도가 매년 2.2ppm 증가하는 등 한반도의 온난화가 지구 평균보다 빨리 진행되고 있다고 발표했다.

년) 24절기의 평균 기온을 비교, 분석한 결과에 따르면 절기별 평균 기온이 과거보다 섭씨 1~3도가량 높아졌다. 그리고 최근 10년간, 각 절기의 과거 평균 기온이 나타나는 시기가 입춘부터 대서까지는 2~19일 앞당겨졌고, 입추부터 대한까지는 4~8일가량 늦춰졌다.

한반도의 기온 상승은 생물들의 분포 변화로도 알 수 있다. 후박나무는 60년 전까지만 해도 북방 한계선이 전북 어청도였는데, 최근에는 인천 덕적 군도로 70~80킬로미터나 북상했다. 2010년 7월 국립생물자원관은 한반도 고유종 100종을 국가 기후 변화 생물 지표로 지정했다. 생물 지표들을 통해 한반도의 기후 변화를 지속적으로 살피면서 한반도 고유종을 보전하고 관리하기로 한 것이다.

이러한 한반도의 기후 변화는 농업과 생태계, 그리고 사람들의 생활에 큰 영향을 미치고 있다.

지구 온난화 인식은 국가마다 다르다

지구 온난화에 대한 인식은 국가마다 차이가 있다. 2006년 6월에 퓨리서치센터가 실시한 조사에 따르면, 지구 온난화에 대한 인지도('매우 잘 안다.'와 '잘 안다.'응답자의 백분비 합계)는 일본이 가장 높고 프랑스, 에스파냐, 인도도 비교적 높았다. 선진국 중에서는 미국이 가장 낮은 것으로 나타났다. 이는 지구 온난화에 대한 미국의 책임이 가장 큰데도 미국 정부나

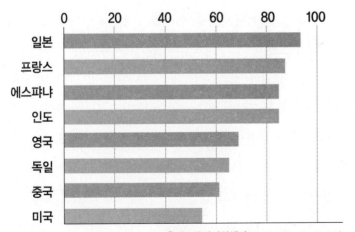

출처 : 퓨리서치센터(Pew Research Center)

기업이 지구 온난화를 막으려는 의지가 약하고, 언론에서도 이를 소홀히 다루기 때문으로 생각된다.

지구 온난화에 어떻게 대처하고 있는가?

기후 변화는 가난한 나라의 국민들에게 큰 고통을 안겨 준다. 그들은 가뭄, 질병, 홍수와 같은 재난에 제대로 대처할 수 없기 때문이다. 그런데 기후 변화를 일으키는 것은 주로 지구 자원과 화석 연료를 무분별하게 사용하는 선진국들이다.

이러한 문제의식에서 1997년 12월에 160여 개국 대표들이 일본 교토에 모여 기후 변화 협약, 이른바 교토 의정서를 채택했다. 선진국들은 이 협약에서 온실가스 배출량을 2012년까지 1990년 대비 평균 5.2퍼센트씩 의무적으로 감축하는 데 합의했다. 교토 의정서는 1998년 3월 16일부터 1999년 3월 15일까지 유엔 본부에서 서명을 받아 확정되었다.

이 의정서에 협약 당사국들이 비준을 했지만, 2001년 3월에 최대 온실가스 배출국인 미국은 비준을 거부했다. 미국은 그 이유로 자국 경제에 심각한 피해를 줄 수 있고, 기후 변화에 대한 과학적 불확실성이 있으며 중국, 인도 등 개발도상국들이 의무 감축 대상에서 제외되어 있다는 점을 내세웠다. 당시 미국 대통령 부시는 결코 지구 온난화 때문에 미국식 생활 방식을 양보할 수는 없다고 말했다. 미국은 별도 기준(온실가스

집약도 방식)에 의한 18퍼센트 감축 계획을 2003년 3월에 발표하고 대책을 추진하겠다고 공표했다.

하지만 EU(유럽 연합)와 일본 등이 중심이 되어 미국과 협상을 지속하고 2004년 11월에 러시아가 비준서를 제출함에 따라, 교토 의정서의 발효 조건이 충족되어 2005년 2월에 마침내 교토 의정서가 발효되었다.

2009년 12월에는 코펜하겐 기후 변화 정상 회의가 열렸는데, 선진국과 개발도상국의 이해관계가 달랐다. 그래서 기후 변화 협약 당사국이 모두 참여하는 가운데 합의문을 만드는 데에는 실패했다. 그 대신 이 회의에 참석한 우리나라, 미국, 일본, 중국, 영국, 독일, 프랑스 등 28개국의 주요 정상들은 비공식 모임을 통해 '코펜하겐 합의문'을 이끌어 냈다. 이 합의문은 협상에 참여하지 못한 일부 개발도상국들의 반대로, 기후 변화 협약 당사국이 모두 참여하는 총회에서는 채택되지 못했다. 따라서 국제법적 구속력을 가지고 있지는 않지만, 참여 의사를 표명한 국가 간에는 구속력이 있다.

이 합의문에는 온실가스 감축과 개발도상국의 기후 변화 대응을 위한 선진국의 재정 및 기술 지원 등의 내용이 들어 있다. 온실가스 의무 감축국은 2020년까지의 온실가스 감축 목표를, 비의무 감축국은 적절한 감축 행동 계획을 유엔 기후 변화 협약 사무국에 제출하도록 규정했다. 우리나라는 참여 의사와 함께 2009년 11월에 발표한 자발적 온실가스 감축 목표

'2020년 배출 전망치 대비 30퍼센트 감축' 내용을 유엔 기후 변화 협약 사무국에 통보했다.

지구 온난화의 주범은 무엇인가?

자원을 캐고 화석 연료를 태우는 일이 어떻게 지구 온난화를 가져올까? 화석 연료가 탈 때 이산화탄소와 유해 가스들이 생기기 때문이다. 이산화탄소는 대기에서 자연적으로도 생기고, 생물이 숨을 내쉬거나 죽을 때도 생긴다. 산업 현장에서도 마찬가지다. 생물의 몸체는 주로 탄소로 구성되어 있어서 분해되거나 소각될 때 공기 중의 산소와 결합하면서 이산화탄소가 생긴다. 이 이산화탄소는 광합성에 의해 식물의 먹이로 이용되기 때문에 큰 악영향을 미치지는 않는다. 문제는 화석 연료가 연소될 때마다 배출되는 수십억 톤의 이산화탄소이다.

화석 연료는 연소될 때뿐만 아니라 생산과 수송 과정에서도 환경을 파괴한다. 우선 유정에서 끌어올리는 침전물이 문제이다. 하나의 탐사 유정에서는 4,000톤에 가까운 침전물이, 그리고 하나의 생산 유정에서는 22,000톤 상당의 침전물이 끌어올려져 주변 지역에 버려진다.

둘째, 천연가스의 소각으로 환경이 피해를 입는다. 원유를 채굴할 때 천연가스가 나오는데, 질 좋은 천연가스는 집적을

하여 다시 연료로 사용하지만, 대부분의 원유 채굴 현장에서 질이 낮은 천연가스는 소각된다. 전 세계에서 천연가스가 소각되는 양을 보면 1위가 러시아, 2위가 나이지리아이다. 천연가스의 소각은 인근 지역 주민의 건강에도 부정적 영향을 미치고, 이산화탄소 배출로 인한 지구 온난화와 산성비를 불러온다.

셋째, 수송 과정에서의 원유 유출 문제이다. 2006～2007년 나이지리아에서는 765건의 원유 유출 사고가 발생했다. 우리나라 해안에서도 유조선 사고에 의한 원유 유출이 여러 번 일어났다. 원유 유출은 토양과 수질 그리고 생태계에 치명적인 영향을 미친다.

넷째, 정유할 때 유독성 폐기물이 생겨난다. 이러한 폐기물은 종종 개발도상국으로 수출되어 환경을 파괴한다.

화석 연료로 인한 환경 파괴를 줄이기 위해 나이지리아, 노르웨이, 이탈리아 등에서는 '석유를 대지 속에 남겨 두자.'는 운동이 일어나고 있다.

• 공기 중의 이산화탄소는 열이 빠져나가는 것을 막아 온실처럼 지구를 덥게 만든다.

지구는 왜 온실이 되어 갈까?

　지구 온난화는 이산화탄소가 온실처럼 태양열을 가둘 때 발생한다. 태양열이 내리쬐면 육지와 바다가 대부분을 흡수하고, 나머지는 대기로 되돌아간다. 흡수되었던 열은 방출되는데, 대부분 우주로 빠져나가서 지구 온도를 거의 일정하게 유지해 생명체가 존재할 수 있도록 한다. 그런데 공기 중에 이산화탄소가 너무 많으면 방출된 열을 가두어 지구의 온도를 올라가게 한다.

왜 지구 온난화가 일어나고 있을까?

　수천 년 동안 사람들은 사람이나 동물의 분뇨를 거름으로

써 가며 농사를 짓고, 나무를 가지고 많은 물건을 만들었다. 세계 인구도 적었고, 대부분의 사람들은 옷이나 다른 물건을 많이 소유하지도 않았다. 전기, 자동차, 비행기도 없었고, 석유를 가지고 플라스틱이나 다른 합성 물질을 만들 줄도 몰랐다. 따라서 이산화탄소를 많이 배출할 일이 없었다.

최근 100년 동안 등장한 문명의 이기는 우리의 생활 방식을 완전히 바꾸어 놓았다. 농기계와 화학 비료, 농약 등을 써서 생산된 농산물이 전 세계 시장으로 유통되고 있다. 그리고 오늘날 우리는 전기, 자동차, 비행기가 없는 생활을 상상할 수 없다. 생활을 편리하게 해 주는 이런 것은 화석 연료를 수십억 톤이나 사용하고, 해마다 대기에 약 400억 톤의 이산화탄소를 배출한다.

• 실제 온실은 아주 유용하다. 바깥의 찬 공기에서 잘 자라지 못하는 식물도 온실에서는 잘 자란다.

주요국의 2008년 연간 이산화탄소 배출량

순위	국가	전체 배출량 (백만 톤)	1인당 배출량 (kg)	1990년 대비 2008년 증가율(%)
1	중국	6508.2	4,910	193.4
2	미국	5595.9	18,376	14.9
3	러시아	1593.8	11,241	−26.8
4	인도	1427.6	1,252	141.6
5	일본	1151.1	9,015	8.2
6	독일	803.9	9,789	−15.4
7	캐나다	550.9	16,530	27.4
8	영국	510.6	8,323	−7.0
9	이란	505.0	7,018	180.2
10	한국	501.3	10,313	118.6

출처 : 국제에너지기구(IEA), 2010

지구 온난화에 맞서 농민들은 무엇을 해야 하나?

지구 온난화를 가져오는 온실가스의 18~24퍼센트는 농업 부문에서 배출된다. 지구 온난화를 완화하려면 농민들이 다음과 같은 노력을 기울여야 한다.

- 화학 비료 사용을 줄여 질소 산화물이 덜 배출되도록 한다.
- 사료를 개선하여 동물에게서 나오는 메탄가스를 줄이고 고기의 품질을 향상시킨다.
- 숲을 조성하여 토양, 나무, 작물에 더 많은 탄소를 저장하도록 한다.
- 물을 이용할 수 있는 곳에 관개 시설을 마련한다.

화석 연료는 어떻게 수송되나?

화석 연료는 수백만 년 전에 동식물이 땅속에 묻힌 뒤 화석처럼 굳어져 오늘날 연료로 쓰는 물질이다. 그 가운데 석탄은 아직 공룡도 지구에 나타나지 않았던 약 3억 년 전에 번성했던 거대한 숲이 남

긴 것이다. 더 오래전에 살았던 바다 미생물은 원유와 천연가스를 남겼다.

석탄은 채탄기라는 기계로 채굴된 다음 열차에 실려 발전소로 보내진다. 발전소에서는 석탄을 태워 물을 가열해서 수증기를 만든다. 이 수증기로 터빈이라는 기계를 돌려 전기를 생산한다. 다른 나라에서 들여올 경우 석탄은 선박이나 화물차, 기차에 실려 수백 내지 수천 마일가량 수송된다.

원유는 보통 땅속 깊이, 바위층 사이에 매장되어 있어서 바위를 뚫어 지표면까지 끌어올려야 한다. 원유의 일부는 파이프를 통해 정유 공장으로 수송되지만, 대부분은 지구의 반 바퀴를 항해하는 거대한 유조선을 통해 수송된다.

● 공장과 창고, 상점에서도 전기를 아주 많이 사용한다. 대부분의 발전소에서는 전기를 생산하려고 석탄, 중유, 가스를 태운다.

발전소
많은 양의 전기를 발전하는 건물 또는 장치의 복합체

터빈
전기를 생산하기 위해 돌아가는 장치

정유
원유를 거르거나 여러 물질로 분리하는 일

온실가스
태양의 열을 가두는 대기 중의 가스로 지구 온난화를 일으킨다.

메탄
자연가스이자 온실가스의 하나

아산화질소
온실가스의 하나로 주로 농장에서 생긴다.

프레온 가스
기체 상태로 있는 프레온. 냉장고의 냉매, 에어로졸 분무제 등에 사용되며, 공기 중에 배출될 때 온실가스를 만들고 오존층을 파괴한다.

열대 우림
적도 부근의 열대 지방에서 발달하는 숲. 수백만 종의 동식물이 살고 있다.

| 여러 가지 온실가스 |

온실가스에는 이산화탄소만 있는 것이 아니다. 그 밖에도 수증기, 메탄(CH_4), 아산화질소(N_2O), 오존, 프레온 가스(CFCs) 염화불화탄화수소(HCFC), 과불화탄소(PFCs), 육불화황(SF_6) 등 다양한 온실가스가 있다. 이런 온실가스가 지구 온난화에 미치는 영향은 각기 다르다. 이를 수치로 나타낸 것이 온난화 계수이다. 같은 무게일 경우에 메탄은 이산화탄소의 25배, 아산화질소는 298배의 영향을 미친다.

우리가 현재 배출하는 이산화탄소의 반은 대양과 열대 우림, 그리고 다른 탄소 '흡수지(sinks)'가 흡수하지만, 나머지 반은 온실 효과를 낳는다. 이는 지구 온난화를 완화하려면 이산화탄소의 배출을 줄이는 것 못지않게 탄소 흡수지를 유지하는 것이 중요하다는 것을 의미한다.

온실가스별 온난화 계수

온실가스	온난화 계수
이산화탄소(CO_2)	1
메탄(CH_4)	25
아산화질소(N_2O)	298
염화불화탄화수소(HCFC)	124~14,800
과불화탄소(PFCs)	7,390~12,200
육불화황(SF_6)	22,800

출처 : 맥키원 외, 《기후 변화 가이드》, 월드워치연구소

원유는 어디에 쓰일까?

원유는 정유 공장에서 가열되어 여러 가지 물질로 분리된다. 대부분은 자동차용 휘발유, 트럭이나 선박, 디젤 기관차에 쓰는 디젤유, 그리고 비행기용 연료로 만들어지며, 일부는 발전소에서 전기를 만드는 데 사용된다.

원유 가운데 가장 무거운 물질은 도로나 지붕에 쓰이는 검은색 타르, 즉 아스팔트이다. 그리고 원유 중에 휘발유를 제조하는 물질은 비료에 들어가는 화학 물질이나 플라스틱을 만드는 데도 쓰인다. 폴리에틸렌과 아크릴은 옷과 페인트, 접착제, 장난감, 포장재 따위를 만드는 데 쓰인다. 의약품을 비롯해 원유로 만드는 제품은 셀 수 없이 많다.

| 연료로 쓰기에는 너무 아까운 원유 |

원유는 생활필수품을 만드는 데 없어서는 안 되는 원료이다. 그래서 많은 사람들이 원유를 수송 연료나 발전소의 연료로 낭비해서는 안 된다고 생각한다. 땅속에는 아직 많은 원유가 매장되어 있지만 그중 4분의 1만 태워도, 돌이킬 수 없는 지구 온난화에 직면할 것이다.

• 석유는 많은 생산품의 원료로 쓰인다.

소비가 어떻게 지구 온난화를 일으킬까?

대부분의 제품은 생산과 유통의 모든 단계에서 지구 온난화를 일으킨다. 먼저 기계로 원자재를 추출하면서 에너지를 사용하고, 원자재를 차량에 실어 공장에 수송하면서 화석 연료를 사용한다. 공장에서 제품을 만들고 포장하는 데에도 에너지를 사용하며, 선박이나 트럭이 완제품을 창고나 가게로 실어 갈 때도 디젤 연료를 사용한다. 또한 소비자들이 자동차를 타고 가게나 쇼핑몰에 오갈 때도 휘발유를 사용한다. 이렇게 사용된 에너지가 이산화탄소를 배출하여 지구 온난화를 일으키는 것이다.

대부분의 제품은 여러 지역의 원자재로 만들어진다

대부분의 제품은 세계 각지에서 나는 원자재로 제조되어 전 세계로 팔려 나간다. 책을 예로 들면, 종이는 북아메리카나 스칸디나비아 같은 지역에서 자란 나무를 펄프로 가공해 만든다. 인쇄용 잉크와 제본용 접착제는 석유 부산물로 만드는데, 각각 다른 생산지에서 제조되어 프린터와 제본소가 있는 곳까지 수송된다. 이 책만 해도 제조 과정에서 여러 지역에서 생산된 재료가 사용되었다.

| 온실가스를 배출하는 음악 CD |

스웨덴 음악가 에릭 프리즈(Eric Prydz)는 자신의 앨범 '적절한 교육(Proper Education)'을 4만 장 제작하고 유통하면서 60.4톤의 이산화탄소가 배출된다는 사실을 알았다. 오른쪽 그림은 CD의 제조와 판매 촉진 그리고 유통에서 나온 이산화탄소의 비율을 보여 준다. CD를 화물차로 전국 여러 상점에 배달하는 과정에서 이산화탄소의 반 이상이 배출되었다.

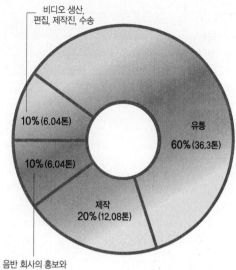

비디오 생산, 편집, 제작진, 수송
10%(6.04톤)
10%(6.04톤)
유통
60%(36.3톤)
제작
20%(12.08톤)
음반 회사의 홍보와 순회 공연

• CD 한 장의 생산 및 유통 과정에서 무려 60.4톤이나 되는 이산화탄소가 배출된다.

누가 지속 가능하지 않은 생활을 하고 있는가?

산업화된 국가들은 다른 국가들보다 국민 1인당 자원을 훨씬 더 많이 소비한다. 세계의 모든 사람들이 미국 사람들처럼 생활한다면 아마도 지구 같은 행성이 5개 이상은 있어야 할 것이다. 마찬가지로 영국 사람들처럼 생활한다면 지구와 같은 위성이 3개 이상은 필요하다. 이는 선진국의 생활 방식이 더는 지속될 수 없음을 말해 준다. 이 책의 나머지 장에서는 소비가 지구 온난화에 영향을 미치는 다양한 방식과 우리의 대응책에 대해 살펴볼 것이다.

• 이 그림은 각 나라의 국민들처럼 살려면 세계의 모든 사람들에게 자원을 공급하는 데 지구가 몇 개나 필요한지를 보여 준다.

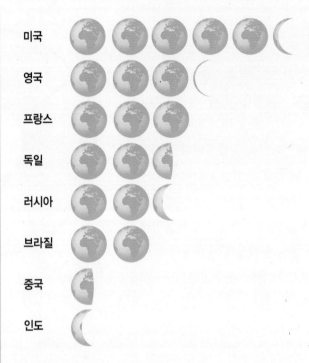

미국

영국

프랑스

독일

러시아

브라질

중국

인도

| 생산자와 소비자의 단절 |

예전에는 대부분의 제품이 소비자와 가까운 곳에서 생산되었기 때문에 소비자는 누가 어떻게 제품을 만들었는지를 알았다. 오늘날 대부분의 소비자는 어디서, 어떻게 만들어졌는지 알지 못한 채 제품을 구입한다. 원산지가 표기되어 있지 않으면 소비자들은 생산지와 생산 방식, 생산자를 알 수 없다. 생산자와 소비자가 멀리 떨어져 있고 단절된 탓이다. 요즘 사람들이 제품을 덜 중요하게 여기는 이유는 생산자와 소비자의 관계가 단절된 때문인지도 모른다.

화물들의 기나긴 여행

유럽이나 북아메리카, 오스트레일리아에서 유통되는 제품은
대부분 다른 나라에서 제조된 것이다. 제품을 고안해서 판매하는
기업들이 중국처럼 인건비가 적게 드는 국가의 공장에 비용을
지불하고 거기서 제품을 제조하기 때문이다. 이것은 원자재와
소비재가 세계 곳곳에서 수송되며, 수송될 때마다 화석 연료가
사용된다는 것을 의미한다. 농산물 또한 세계 전역에서 수송되며,
이것은 지구 온난화를 비롯한 여러 문제를 일으키고 있다.

옷의 제조 과정에서 왜 이산화탄소가 배출될까?

목화는 미국 남동부에서 재배되는 농작물 가운데 가장 비중이 크지만, 목화로 만든 옷은 미국에서 제조되지 않는다. 미국의 사우스캐롤라이나에서 재배된 목화는 아프리카 수단으로 건너가 직물로 제조되고, 다시 파키스탄의 공장으로 보내져 옷이 된다. 그다음 미국이나 다른 국가로 수송된다. 오늘날 우리가 입는 옷은 대부분 이런 과정을 거친 것이다. 수송 거리가 늘면 화석 에너지 사용량도 증가하고, 그만큼 이산화탄소 배출량도 늘어날 수밖에 없다.

항공 수송
비행기에 의한 제품의 수송

●비행기가 선박보다 이산화탄소를 더 많이 배출한다.

항공 수송의 문제점은 무엇인가?

요즘에는 1년 내내 무슨 꽃이든 살 수 있다. 케냐나 에콰도르 같은 열대 국가에서 싱싱한 꽃이 항공 수송되기 때문이다.

항공 운임은 비싸지만, 기업들은 현지에서 꽃을 재배하고 수확하는 노동자들에게 적은 임금만 지불하기 때문에 이윤이 남는다. 열대 국가에서 재배해서 1년 내내 판매할 수 있다는 점도 기업들에게 유리하다. 기업들은 열대 지방의 농민들과 계약하여 재배하

면 되기 때문에 자기 땅을 소
유하지 않아도 된다.

그런데 꽃을 비행기로 빨리
수송해 올 수는 있지만, 그만
큼 많은 석유 에너지를 사용
하는 문제가 생긴다. 미국 컬
럼비아대학교의 영양학자 조
앤 구소(Joan Gussow)는 항
공 수송이 "차가운 물(채소,
꽃)을 대량의 석유로 태우는 과정"이라고 비판한 바 있다. 항
공기는 화물 1톤을 1킬로미터 수송하는 데 이산화탄소 799그
램을 배출한다. 이는 탱크로리 수송보다 8배, 선박 수송보다
61배나 많은 양이다.

•이 꽃들은 남아메리
카의 브라질에서 재배
되어, 미국과 유럽 등
각지에 항공 수송되어
판매된다.

탱크로리
석유, 프로판가스 따
위를 대량으로 실어
나를 수 있는 탱크를
갖춘 화물차

생산지의 사람들은 땅과 물을 빼앗기고 있다

외국에서 꽃과 과일, 채소를 수입해 오는 것은 또 다른 문제
를 일으킨다. 꽃을 재배하게 되면서 지역 주민들은 식량을 생
산하던 땅을 잃고 많은 물도 빼앗긴다. 케냐의 농민들은 가족
의 생계를 더는 유지할 수 없다고 말한다. 꽃을 키우는 기업들
이 케냐에서 두 번째로 큰 강인 지로 강에서 너무나 많은 물을
끌어다 쓰고 있기 때문이다.

서양의 기업들은 북아메리카와 유럽에서 판매할 청량음료를 제조하기 위해 개발도상국에 공장을 세우기도 했다. 이 공장들이 지하수를 너무 많이 쓰는 바람에 오래전부터 사용해 오던 우물들이 다 말라 버렸다.

이스라엘과 이집트의 농민들 역시 물이 풍족하지 않지만, 유럽에 수출할 과일과 채소를 재배하는 데에 많은 물을 사용하고 있다. 특히 이스라엘은 이웃 나라들과 함께 쓰는 지하수와 요르단 강의 물을 너무 많이 사용하여, 지역 사람들이 식량 작물을 재배하는 데 필요한 물까지 빼앗고 있다.

소 사육은 사람이 마실 물을 빼앗고 있다

오늘날 북아메리카에서는 상당한 분량의 물이 소에게 먹이는 사료를 재배하는 데 쓰이고 있다. 그 결과 중서부와 대평원에 위치한 지역의 지하수면이 급격히 낮아지고 있다. 이러한 물 부족 현상은 산업, 상업, 주거에 필요한 물 사용에도 근본적인 변화를 가져온다.

식품경제학자인 프랜시스 무어 라페는 "쇠고기 스테이크 10파운드 생산에 사용되는 물은 한 가족이 1년 내내 사용하는 물의 양과 맞먹는다."라고 지적했다. 한 예로, 쇠고기 반 근(300그램)의 스테이크를 생

• 쇠고기 스테이크300 그램을 생산하는 데 물 4,500리터가 든다.

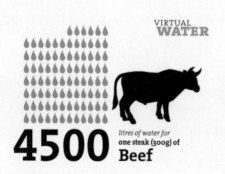

VIRTUAL
WATER

4500 litres of water for
one steak (300g) of
Beef

산하는 데 물 4,500리터가 사용된다.

푸드마일이 왜 온난화를 부추기나?

가공식품은 생산의 거의 모든 단계와 수송, 유통 과정에서 지구 온난화를 일으킨다. 식품 산업이 배출하는 이산화탄소의 거의 반을 차지할 정도이다. 가공식품은 대부분 공장에서 생산되고 포장된다. 즉석식품이나 비스킷, 푸딩 같은 음식의 재료는 다른 지역이나 다른 국가에서 생산된 것이다. 조리된 식품은 포장되어 창고나 가게, 슈퍼마켓으로 배송된다. 그리고 나면 소비자들이 가게나 슈퍼마켓으로 차를 몰고 가서 식품을 산다.

수송 방법 가운데 에너지를 가장 많이 낭비하는 것은 항공 수송이다. 과일이나 채소는 비행기로 수송되는 과정에서 자체 무게보다 더 많은 이산화탄소를 배출한다. 예를 들어 하와이에서 미국 본토로 항공 수송되는 파인애플은 그 무게의 10배나 되는 이산화탄소를 배출한다.

푸드마일은 국가와 수송 수단에 따라 달라진다

식품의 생산지에서 소비지까지의 이동 거리를 푸드마일 또는 푸드마일리지라고 한다. 영국의 환경 운동가 팀 랭 교수가 고안한 이 개념은 거리의 단위로 마일을 쓰는 미국 같은 국가에서는 t·mile로 표시하고, 킬로미터를 쓰는 캐나다, 우리나라 등에서는 t·km를 쓴다.

국립환경과학원이 2009년에 발표한 1인당 연간 푸드마일리지는 다음 표와 같다. 일본과 우리나라의 푸드마일리지가 길고, 영국이 중간 정도이며 프랑스가 가장 짧다. 푸드마일이 길수록 이산화탄소의 배출량이 많다고 할 수 있다.

국가별 1인당 푸드마일리지(단위 : t·km/인)

연도	일본	한국	영국	프랑스
2001년	5,807	5,172	–	–
2003년	5,671	3,456	2,365	777
2007년	5,462	5,121	2,584	869

※ 2003년 한국의 푸드마일리지가 감소한 이유는 중국에서의 곡물 수입량이
  약 2.7배 증가하고, 미국에서의 수입량이 65퍼센트 감소했기 때문이다.

그런데 이산화탄소의 배출량은 다음 표처럼 운송 수단에 따라 달라진다. 육상과 항공 수송은 해상 수송보다 훨씬 많은 이산화탄소를 배출한다. 식품 1톤을 1킬로미터 운송하는 과정에서 발생하는 이산화탄소 배출량은 항공기가 1.1킬로그램으로 가장 많다. 그다음은 육상 수송의 트럭, 기차 순이다. 컨테이너선을 이용한 해상 수송의 이산화탄소 배출량은 기차의 10분의 1에 불과하다. 국가마다 수송 수단의 이용 비중이 다르기 때문에 푸드마일리지와 탄소 배출량이 정비례할 수는 없

다. 2007년 푸드마일에 따른 1인당 이산화탄소 배출량은 일본 127킬로그램, 한국 114킬로그램, 영국 108킬로그램, 프랑스 91킬로그램인 것으로 나타났다.

수송 수단별 이산화탄소 배출 계수(단위 : kg·CO_2/ton·km)

수송 수단	해상 수송 (컨테이너선)	육상 수송		항공 수송
		트럭	기차	
배출 계수	0.00902	0.249	0.0915	1.1

※ 컨테이너선·트럭·항공기 배출 계수 출처 : 친환경상품진흥원, 2009
　기차 배출 계수 출처 : 한국환경산업기술원 국가 LCI 데이터베이스정보망

| 초콜릿 제조 과정에 숨겨진 나라들 |

초콜릿 한 상자도 많은 국가에서 들여온 재료들로 만들어진다. 아래에 제시된 국가들은 일부에 불과하다. 초콜릿 회사가 이처럼 여러 국가에서 재료를 들여오는 이유는 값싼 재료를 써야 이윤을 많이 남길 수 있기 때문이다. 그들은 장거리 수송에 따른 환경 문제, 식품 안전 문제에는 거의 관심이 없다.

- 서아프리카 또는 중앙아메리카에서 나는 코코아 콩으로 만든 초콜릿
- 카리브 해에서 나는 설탕
- 브라질에서 나는 커피(커피 크림이 함유된 초콜릿의 경우)
- 에스파냐 또는 미국에서 나는 오렌지(오렌지 초콜릿의 경우)
- 에스파냐에서 나는 아몬드
- 터키에서 나는 개암
- 타히티 섬에서 나는 바닐라

•열대 과일은 맛있지만, 추운 나라로 항공 수송되는 과정에서 지구 환경을 해친다.

제철이 아닌 농산물 수송에 많은 에너지가 소비된다

원산지에서 수확한 과일과 채소를 유럽, 일본, 북아메리카 등 다른 지역으로 항공 수송하는 데는 두 가지 이유가 있다. 첫째, 열대 기후 지역에서만 재배되는 과일을 다른 지역에 공급하기 위해서다. 리치, 망고, 단면이 별 모양인 스타프루트와 같은 과일이 점점 더 많이 하와이에서 미국 본토로 수송되고 있다.

항공 수송을 하지 않더라도 신선한 열대 과일을 먹을 수 있다. 수십 년 동안 카리브 해 지역과 중앙아메리카에서 나는 바나나가 선박에 실려 더 추운 나라로 수송되었다. 이러한 과일은 익기 전에 미리 수확되어 수송 과정에서 천천히 익는다. 선박은 비행기보다 연료를 적게 쓰면서도 더 많은 농산물을 나를 수 있다.

비행기로 수송하는 두 번째 이유는 계절에 상관없이 신선한 과일과 채소를 공급하기 위해서다. 북반구에서 제철이 아니어서 구할 수 없는 농산물을 남반구에서 들여오는 식이다. 제철이 아닌 과일과 채소는 선박을 이용하면 시들기 때문에 비행기에 실어 보내야 한다. 예를 들어 신선한 살구, 딸기, 블루베리가 뉴질랜드에서 영국으로 항공 수송된다.

제철 과일과 채소가 수입되기도 한다. 캐나다에서 재배된 아스파라거스가 영국으로 항공 수송되는 식이다. 이때 영국

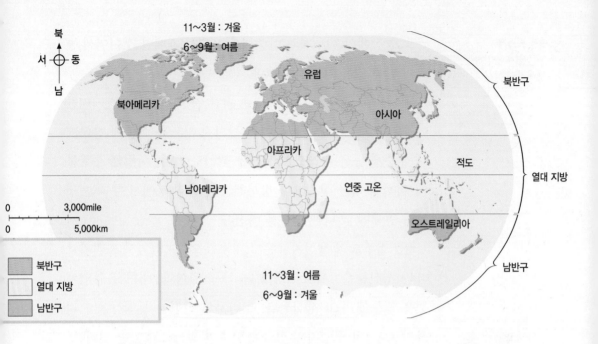

내에서 재배한 아스파라거스를 수송하는 데 드는 에너지의 9배를 소비한다.

• 북반구가 겨울일 때 남반구는 여름이다. 그래서 딸기는 북반구에서 6월에, 남반구에서 12월에 익는다.

글로벌푸드는 식품 안전을 위협한다

세계 식량 체계(Global Food System)에서 생산, 가공, 유통, 소비되는 음식을 글로벌푸드라고 한다. 쉽게 말해, 외국에서 수입되는 식품은 글로벌푸드라 할 수 있다. 글로벌푸드의 생산 방식은 식품 안전을 위협한다. 시장에서 경쟁하기 위해 식품 안전보다 비용 감소에 역점을 두기 때문이다. 글로벌푸드는 생산의 효율성을 강조하는 공장형 농업으로 생산된다. 대규모 농장에서 제초제와 살충제를 쓰면서 재배한 것이어서 농약이 남아 있을 가능성이 크다.

글로벌푸드는 수확된 후 오랜 기간 저장되었다가 장거리를 이동한다. 저장과 이동 중에 변질되지 않도록 식품에 방부제나 살충제 등을 뿌리고 방사선을 쬐기도 한다. 이렇게 수확물에 직접 뿌리는 살충제나 방부제는 생산 과정에서 뿌리는 것보다 인체에 더 나쁜 영향을 미친다.

글로벌푸드의 생산자들은 소비자를 알 수 없어서 소비자보다는 생산품을 1차로 구입하는 곡물 메이저, 대형 유통업체 등을 염두에 두고 생산한다. 소비자의 안전이나 영양을 고려하기보다 1차 구입자의 필요에 맞추어 생산하고 있는 것이다.

국제적 위기가 발생하면 글로벌푸드 역시 문제에 직면한다. 석유 값이 올라 수송비가 많이 들면 식량 수입국의 부담이 늘어난다. 천재지변이 발생하거나 전쟁 등으로 국제 정세가 불안정해지면 운송이 불가능해져 식량 수입국은 식량 부족에 직면할 수 있다.

글로벌푸드의 문제점은 많지만, 수많은 사람들이 글로벌푸드를 소비하고 있다. 글로벌푸드 소비자는 다음과 같은 특징을 가지고 있다.

- 식품 생산자와 단절되어 있다.
- 생각을 많이 하지 않고 광고 등에 의존하여 충동구매를 한다.

- 인스턴트식품과 대량 포장된 식품을 쉽게 구매한다.
- 맛보다 정보, 브랜드 등을 고려해서 결정한다.
- 식품을 구매할 때 가격과 편리성을 중시한다.
- 음식을 조리할 능력이 없어서 패스트푸드, 인스턴트식품에
  의존한다.

값싼 글로벌푸드에는 많은 문제가 숨겨져 있다

곡물 메이저나 식품 회사들은 싼값에 식품을 공급한다. 그리고 대용량 포장, 묶음 판매 등을 통해 소비자들이 한꺼번에 많이 구입하도록 유도한다.

값싼 식품은 매력적이지만 영양 불균형이나 영양실조를 가져올 수 있다. 값싼 음식을 먹고 질병에 걸리면 의료비는 전적으로 소비자가 부담해야 한다. 소비자는 환경 비용 역시 부담해야 한다. 많은 포장과 장거리 수송을 거친 가공식품은 환경을 오염시키고 지구 온난화를 가져오는데, 이 비용 역시 제조업자가 아닌 소비자의 세금에서 나온다. 값싼 식품을 만들기 위해 식품 회사는 노동자들에게 저임금을 지급하는데, 저임금 노동자의 복지 비용 역시 소비자의 몫으로 돌아간다. 전 세계 시장에서 유통되는 값싼 식품에는 이렇게 소비자가 부담하는 막대한 비용이 숨겨져 있다.

또한 값싼 식품은 음식 문화의 가치를 낮추기도 한다. 값싼

식품의 확산으로 지역 식품이 설 곳을 잃어 음식의 다양성과 정체성이 상실되고 지역 음식 문화가 소멸될 우려가 있다.

왜 로컬푸드를 사야 하나?

수송 거리를 줄이려면 어떻게 해야 할까? 우리가 할 수 있는 방법은 원산지를 확인하고 가장 가까운 곳에서 재배된 제철 과일과 채소, 즉 로컬푸드를 구입하는 것이다.

각 지역에서 소규모 영농으로 제철에 생산하는 먹을거리를 로컬푸드라고 한다. 로컬푸드는 수송 거리가 짧을 뿐만 아니라, 가공과 포장을 적게 하고 덜 표준화된 공정을 거친다. 그리고 지역 소비자들의 요구를 반영해 생산된다.

• 먹을거리는 농장에서 직접 사야만 신선하고 제철임을 확인할 수 있다.

로컬푸드가 우리에게 줄 수 있는 혜택은 무엇일까?

- 신선할 뿐만 아니라 맛있고 건강에도 이롭다.

- 유전자 변형 농산물이 아니므로 믿고 먹을 수 있다.

- 지역의 가족농을 지원하여 지역 경제 발전에 기여한다.

- 먹을거리의 생산자와 소비자로 구성된 먹을거리 공동체(food community)를 만들 수 있다.

- 글로벌푸드가 일으키는 환경 피해 등에 사용되는 세금을 아낄 수 있다.

- 푸드마일리지를 줄여 지구 온난화를 완화하고, 화학 비료 등을 적게 사용하여 토양의 산성화 등을 막고, 농약 사용을 줄여 야생 동물의 먹이 확보에도 도움을 준다.

글로벌푸드와 로컬푸드의 차이점

구분	글로벌푸드	로컬푸드
특징	계절에 관계없이 생산한다.	제철에 생산한다.
	세계 시장을 위해 생산한다.	지역 소비자를 위해 생산한다.
	대규모 영농으로 생산한다.	소규모 영농으로 생산한다.
	생산자가 소비자를 모른다.	생산자가 소비자를 안다.
	수송 거리가 길다.	수송 거리가 짧다.
	포장을 많이 한다.	포장을 적게 한다.
	가공을 많이 한다.	가공을 적게 한다.
	표준화되어 있다.	표준화가 덜 되어 있다.

출처 : 비트코프스키, 〈개발도상국 글로벌푸드 마케팅의 문화적 영향에 대한 연구〉

소비자의 힘으로 식품 회사를 변화시키자

지구 온난화를 막으려면 항공 수송되는 과일, 채소, 조개, 꽃 등을 사지 말아야 한다. 아무리 좋은 상품이라도 소비자들이 외면하면 더는 공급되지 않을 것이기 때문이다. 식품 라벨에 원산지가 표시되어 있지 않으면 매장의 점원에게 물어보자. 그리고 항공 수송된 식품을 사고팔지 말자고 신문에 기고하거나 식품 회사에 메일을 보내 보자. 한두 명이 아닌 수십 명, 수백 명이 지속적으로 요구한다면 식품 회사들이 방침을 바꿀 수밖에 없을 것이다.

스웨덴은 식품에 이산화탄소 배출량을 표기한다

스웨덴은 식품의 생산과 가공에 관련된 이산화탄소 배출량을 식품에 의무적으로 표기하는 정책을 시행하고 있다. 오트밀 포장에 "제품 1킬로그램 생산에 이산화탄소 0.87킬로그램"으로 표시하는 식이다. 스웨덴 정부 당국자는 이러한 정책이 기후와 건강을 함께 고려한 것이라고 말한다. 이러한 조치에 발맞추어 스웨덴 식당에서는 메뉴판에도 이산화탄소 배출량을 표기해서 고객들이 메뉴를 선택할 때 친환경적 식생활을 할 수 있도록 돕고 있다. 스웨덴의 이러한 움직임은 소비자가 기후 변화를 염두에 두고 식품을 선택하도록 하는 중요한 시도로 평가되고 있다.

소비자의 선택은 투표 행위와 같다

사람들은 개인적인 기호에 따라 먹을거리를 선택한 다. 하지만 먹을거리의 선택은 농업, 환경, 공동체에 영향을 미친다는 점에서 정치적인 행위라고 할 수 있 다. 사람들이 좋은 먹을거리를 많이 선택하면 좋은 먹 을거리가 많이 생산되고, 나쁜 먹을거리를 많이 선택하면 나쁜 먹을거리가 많이 생산되기 때문이다. 그런 점에서 소비 자의 선택은 투표 행위와도 같다.

GM FREE의 로고

슈퍼마켓을 운영하는 사람들은 소비자들이 어떤 이야기를 하는지, 어떤 제품을 사는지에 많은 주의를 기울인다. 유럽의 대형 마트에 가면, 유전자 변형(GM) 농산물이 들어 있지 않음 을 표시한 GM FREE 제품을 많이 볼 수 있다. 이 선언은 마트 와 생산자가 소비자의 건강을 고려하여 자발적으로 한 것이 아니다. 유전자 변형 농산물이나 그것이 들어간 제품을 만들 어 팔 경우 불매 운동을 벌이겠다는 소비자들의 주장이 이 선 언을 이끌어 낸 것이다.

먹을거리를 선택할 때 소비자는 다음과 같은 사항을 고려해 야 한다.

- 이 선택이 공정한 무역에 기여하는가?
- 윤리적인 선택인가?
- 신선한 먹을거리인가?

- 동물 친화적인 먹을거리인가?

- 지역에서 생산된 먹을거리인가?

- 이 선택이 야생 식물에게 좋은 여건을 마련해 주는가?

- 질병의 위험이 없고 건강에 이로운 먹을거리인가?

- 좋은 품질의 먹을거리인가?

제철 음식을 어떻게 고를까?

식품 회사들은 포장에 많은 공을 들이지만 가장 중요한 것은 맛이다. 먹을거리는 신선할수록 더 맛있고, 지역에서 재배된 것이 가장 신선하다. 먹을거리가 제철인지 잘 모를 때에는 직접 재배하는 사람에게 물어보면 된다. 대부분의 과일은 여름과 초가을에 익는다. 샐러드 채소는 대개 여름에 재배된 것이 최고지만, 겨울 케일 같은 녹색 채소나 뿌리채소처럼 겨울 채소도 많다.

• 바질 같은 채소를 직접 재배하면 푸드마일을 줄일 수 있다.

유통 업체들이 농산물의 가격을 너무 낮게 매기기 때문에 점점 더 많은 농민들이 농산물을 소비자와 직거래하고 있다. 제철에 난 신선한 로컬푸드를 사려면 각 지역의 시장이나 농산물 가게에 가는 것이 가장 좋다. 아니면 농민들에게 직접 사는 방법도 있다.

수입에 의존하면 먹을거리 위기에 직면한다

시중에는 재료들이 얼마나 먼 곳에서 왔는지 알 수 없는 제품이 많고, 값싼 수입품이 아니라면 구할 수 없는 제품들도 있다. 예를 들어 축구공의 겉을 싸고 있는 가죽은 여러 조각을 일일이 손으로 꿰매 만든다. 이 작업은 세 시간 정도 걸리는데, 보통 남아시아의 어린아이들이 동원된다. 만약 유럽이나 북아메리카의 노동자들이 이 작업을 하면 축구공 값은 몇 배나 더 비싸질 것이다.

식량의 경우, 세계 시장에서 유전자 변형 농산물만 유통되는 상황에 처하면 식량 자급률이 낮은 국가는 유전자 변형 농산물을 수입할 수밖에 없다. 식량 생산을 등한시하고 수입에 의존하면, 우리의 생명과 직결되는 먹을거리에 대해 선택의 여지가 없는 상황에 직면하게 된다.

슬로푸드 운동이 널리 퍼지고 있다

근래에 지역에서 생산된 제철 먹을거리를 중시하는 슬로푸드 운동이 널리 퍼지고 있다. 슬로푸드 운동은 1986년 로마에 맥도날드가 진출한 것을 계기로 시작되었다. 카를로 페트리니(Carlo Petrini)와 그의 동료들은 음식을 표준화하고 전통 음식을 소멸시키는 패스트푸드에 대항하여, 음식을 먹는 일과 미각의 즐거움, 전통 음식 보존 등을 주장했다. 이들은 패스트

슬로푸드

유전자 변형을 하지 않은 제철 음식으로 환경 보호에 기여한다. 대부분 발효 식품이며, 생산자와 소비자 간의 신뢰 속에서 지역 문화와 역사를 담고 있는 다양한 먹을거리이다.

패스트푸드

햄버거, 프렌치프라이, 피자 등 각종 즉석 식품을 말한다. 넓은 의미에서 보면, 이윤을 위해 성장 기간을 단축해서 생산한 쇠고기, 돼지고기, 닭고기에 이르기까지 오늘날의 먹을거리는 대부분 패스트푸드라고 할 수 있다.

푸드뿐만 아니라 패스트푸드 회사 종업원들의 낮은 임금, 장시간 노동과 같은 미국의 저급한 노동 문화까지 함께 이탈리아에 흘러들 것을 우려했다.

슬로푸드 운동은 1989년에 파리에서 선언문이 발표되면서 국제적인 운동이 되었다. 이 선언문은 1989년 11월 9일 프랑스 파리의 코믹오페라 극장에서 채택되었다.

"우리 세기는 산업 문명의 이름하에 처음으로 기계의 발명이 이루어진 이래 기계를 생활 모델로 삼고 있다. 우리는 속도의 노예가 되었다. 우리의 습관을 망가뜨리고, 가정의 사생활을 침해하고, 패스트푸드를 먹도록 하는 빠른 생활 즉, 음흉한 바이러스가 우리 모두를 굴복시키고 있다.

호모 사피엔스라는 이름이 부끄럽지 않으려면 사람은 종이 소멸되기 전에 속도에서 벗어나야 한다. 보편적인 어리석음인 빠른 생활에 반대하는 유일한 방법은 물질적 만족을 고정시키는 것이다. 우리가 이미 확인된 감각적 즐거움과 느리게 오래가는 기쁨을 적절히 누리는 것은 효율성에 대한 흥분에 잘못 이끌린 군중에게 감염되는 것을 막을 수 있을 것이다.

우리의 방어는 슬로푸드 식탁에서 시작되어야 한다. 지역 요리의 맛과 향을 다시 발견하고, 요리의 품위를 낮추는 패스트푸드를 추방해야 한다. 생산성 향상의 이름으로, 빠른 생활이 우리의 존재 방식을 변화시키고 환경과 경관을 위협하고 있다. 지금 유일하면서도 진정한, 진취적인 해답은 슬로푸드다.

진정한 문화는 미각을 낮추지 말고 발전시켜야 한다. 그러려면 경험과 지식, 프로젝트의 국제적인 교환이 가장 좋은 방법이다. 좀 더 나은 미래를 보장하는 슬로푸드에는 그것의 상징인 작은 달팽이와 함께 이 운동이 국제 운동으로 나아가는 데 도움을 줄 수 있는 다수의 지지자가 필요하다."

– 슬로푸드 선언문(1989년 파리)

국제 슬로푸드 협회는 이탈리아 피에드몬트 지방 브라(Bra)에 본부가 있으며 스위스, 독일, 뉴욕에 사무소를 두고 있다. 회원은 132개국 10만여 명에 이르며, 이탈리아가 3만 5천 명 정도로 가장 많다. 최근에는 미국도 회원이 많이 늘고 있다. 슬로푸드 운동은 지역 농업과 음식의 중시, 유전자 변형 반대, 생물 다양성 보호, 미각 교육, 종자 주권, 슬로 라이프 등 다양한 영역에서 전개되고 있다.

국내 슬로푸드 운동은 어디까지 왔을까?

우리나라의 슬로푸드 운동은 2000년경에 도입된 이래 점차 확산되고 있다. 경기도는 2004년에 슬로푸드 사업으로 1개 시범 특구, 7개 시범 마을, 2개 명소를 지정한 이래 지원을 계속하고 있다. 또 전남 담양군 창평면, 신안군 증도면, 장흥군 유

• 2009 슬로푸드 / 테라마드레 컨퍼런스에서 금곡고등학교 사물놀이부가 공연을 하고 있다.

치타슬로(Cittaslow)
느리게 살기 마을이라는 뜻의 이탈리아어. 영어로는 '슬로시티'이다.

치면, 완도군 청산면은 2007년 12월에 슬로푸드 운동의 산물로 출범한 슬로시티 국제 연맹에 의해 치타슬로로 인증되었다. 2009년 2월에 경남 하동, 2009년 9월에 충남 예산도 치타슬로로 인증되었다.

2008년 상반기에는 경기도 남양주시 조안면에 사단법인 슬로푸드문화원이 출범하여 슬로푸드 교육을 실시하기 시작했다. 2009년에는 슬로푸드 팔당 지부 주최로 '2009 슬로푸드/테라마드레 컨퍼런스'가 개최되었고, 남양주시가 지방 자치 단체로는 처음으로 행정 조직에 슬로푸드 팀을 두었다. 콘비비움이라고 불리는 슬로푸드 운동 지부도 팔당, 서울, 전남에 이어 창원, 제주, 여주, 약선(藥膳)연구회 등이 출범했고, 그 밖의 지역에서도 지부 설치를 준비하고 있다.

| 거의 모든 것을 만들어 내는 3차원 프린터 |

렙랩(RepRap)은 영국 배스대학교(Bath University) 과학자들이 개발한 대단한 발명품으로, 3차원 프린터라 할 만하다. 이 기계는 노즐에서 잉크 대신 플라스틱이 나와 장난감 같은 3D 형상을 복사해 낸다. 발명가들은 렙랩이 결국 거의 모든 것을 만들 수 있을 거라고 주장한다. 이 발명품이 찍어 내는 형상에 대한 설명서는 구입하거나 인터넷에서 공유할 수 있다. 렙랩을 사용하면 상점은 물론이고 수많은 공장도 필요 없어지고, 탄소 배출도 훨씬 줄어들 것이다.

상점이 사라지고 있다

CD의 생산과 유통에서 생기는 이산화탄소의 양(41쪽 참고)은 상점으로 수송될 때 이산화탄소가 가장 많이 생긴다는 것을 보여 준다. 하지만 여기에는 CD를 구입하려고 매장에 드나드는 사람들이 이동하면서 생기는 이산화탄소는 포함되지 않았다. 아마 이산화탄소 배출을 줄이려면 상점을 없애야 할 것이다. 말도 안 되는 소리로 들릴지 모르지만, 이미 변화가 일어나기 시작했다.

테라마드레(Terra Madre)
2004년부터 2년마다 이탈리아 토리노에서 열리는 슬로푸드 국제 행사로 음식 생산자와 소비자, 학자, 요리사, 학생 등이 참가한다.

콘비비움
향연, 연회라는 뜻의 라틴어. 음식 문화에 대한 토론과 정보 교환, 미식 모임 등을 한다는 의미에서 슬로푸드 운동 지부를 이렇게 부른다.

배출
쓰레기 물질을 환경, 특히 대기, 강, 바다에 버리는 것

홈 쇼핑에는 문제가 없을까?

사람들은 이미 쇼핑의 대안으로 인터넷이나 카탈로그를 통해 거의 모든 제품을 구입하고 있다. 주요 매장들은 모두 소비자들이 원하는 물건을 직접 찾아서 살 수 있는 웹 사이트를 개설하고 있다. 소비자가 카탈로그나 웹 사이트를 보고 주문하면 매장에서 사는 것과 똑같은 품질의 제품이 집까지 배송된다. 텔레비전 홈 쇼핑 채널 역시 다양한 제품을 판매하고 있다. 홈 쇼핑은 확실히 휘발유 소비를 줄인다. 문제는 제품이 배달되었을 때 사람이 없는 경우인데, 그럴 때는 우체국에 가서 찾아와야 한다. 또 다른 문제는 각 지역의 작은 상점들이 단골손님을 잃는 것이다. 에너지를 가장 적게 쓰는 방법은 걸어갈 수 있는 거리의 가게에서 쇼핑하는 것이다.

• 인터넷으로 주문한 제품들은 집까지 배달된다.

인터넷, 유선 방송 등이 발전하면서 홈 쇼핑이 늘어나고 있다. 홈 쇼핑은 매장에 가지 않고도 저렴한 가격에 제품을 구입할 수 있는 이점이 있다. 하지만 홈 쇼핑은 문제점도 적지 않다. 우선 광고를 보고 충동적으로 불필요한 제품까지 사는 경우가 있다. 인터넷 거래에서 종종 사기 판매가 일어나기도 한다. 사전

결제를 하고 주문했지만 물건을 보내지 않아 돈을 떼이게 되는 것이다. 그리고 눈으로 직접 확인하지 않고 사기 때문에 제품에 대한 만족도가 낮고 반품도 늘어날 수 있다.

● 인터넷을 통해 주문하는 사람들에게 책을 공급하는 이 창고는 어느 서점보다도 많은 책을 보관하고 있다.

매장을 물류 창고로 전환하면 에너지 사용이 줄어든다

영국의 생태학자 조지 몬비어트(George Monbiot)는 대형 백화점을 물류 창고로 전환하자고 제안했다. 수천 명의 사람들이 차를 몰고 쇼핑몰에 오는 대신, 인터넷으로 주문을 받아 제품을 배달하면 된다는 것이다. 이렇게 대형 백화점을 물류 창고로 전환하면 에너지 사용을 많이 줄일 수 있다.

매장을 운영하면 조명, 난방, 냉방 등에 많은 에너지를 쓰게 된다. 예컨대 슈퍼마켓에서는 개방된 냉장고에 많은 식품을 진열하는데, 이 때문에 매장이 서늘해져 난방으로 더 많은 에너지를 쓰게 된다.

대형 마트의 문제점은 무엇인가?

우리나라에는 세계 최대의 할인 매장 월마트가 들어왔다가 철수한 사례가 있다. 월마트가 기존에 우리나라에 있던 대형 매장과 경쟁이 되지 않았기 때문이다.

월마트 같은 매장이 지역에 들어올 때에는 흔히 고용을 창출한다는 주장이 대두된다. 월마트 매장에서 일하는 사람이 필요하므로 고용을 창출한다는 말은 맞다. 하지만 연구 결과에 따르면 대형 마트가 창출하는 고용 1명당 지역의 소매상 등에서 3명의 일자리가 줄어든다. 지역 전체로 보면 대형 마트는 지역의 고용을 감소시키는 것이다. 게다가 월마트의 경우 임금 수준이 매우 낮다.

또 대형 마트에서 판매하는 제품은 대부분 지역 밖에서 생산된 것이다. 따라서 소비자들이 대형 마트에서 제품을 구매할 때마다 구입 대금의 대부분이 지역 밖으로 빠져나간다. 이 때문에 미국 등에서는 지역에 월마트가 들어선다고 하면 월마트 반대 운동이 일어나기도 한다. 실제로 미국의 몇몇 지역에서는 이 운동으로 인해 월마트가 들어서지 못했다.

동네 가게는 대형 마트의 편리함과 낮은 가격을 따라갈 수는 없지만, 중요한 기능을 담당한다. 아이들은 동네 가게를 드나들면서 물건 사는 법뿐만 아니라 어른들을 대하는 법도 배운다. 그리고 자동차가 없거나 대중교통을 이용하기 어려운 노인이나 장애인은 동네 가게를 자주 이용한다.

월마트와 같은 대형 마트의 문제점이 드러나면서 이와 같은 동네 가게의 중요성과 기능이 주목받고 있다.

지속이 불가능해진 현대 농업

세계 인구가 늘어나면서 식량이 더 많이 필요해졌다.
오늘날 농작물은 물론 고무나 야자유 같은 비식용 작물도
이전보다 산출량이 더 많아졌다. 이는 녹색 혁명으로
대변되는 다수확 품종의 개량 덕분이다.
농민들은 단기간에 생산량을 늘리려고 경작지에
많은 화학 비료를 뿌리고, 효율적인 제초와 방제를 위해
농약에 더욱 의존하게 되었다. 이러한 현대 농업은 이산화탄소를
수백만 톤 배출하면서 세계의 많은 지역에 피해를 주고 있다.
그래서 환경 운동가들은 현대 농업이 지속될 수 없다고 경고한다.

● 이 지역은 열대 우림이었지만, 지금은 토양층이 얇아져 식물이 자랄 수 없다.

유전자
부모로부터 자손에게 전달되는 살아 있는 세포로 자손의 생물학적 구성을 결정한다.

비료
식물이 잘 자라도록 영양분을 주는 물질

농산물은 늘어나고 있다

지난 300년간 농민들은 더 크고도 맛있는 사과, 더 살진 양을 얻는 식으로 농작물과 가축의 품종을 개량해 왔다. 하지만 오늘날 과학자들은 한 생명체의 유전자를 다른 생명체로 이식하여, 자연에서는 결코 태어날 수 없는 동물과 식물을 만들어 내고 있다.

과거에 농민들은 농작물이 자라는 땅을 기름지게 하기 위해 가축의 분뇨를 썼다. 하지만 오늘날에는 가축이 항생제가 들어 있는 사료를 먹기 때문에 그 분뇨를 퇴비로 쓸 수 없다. 살아남기 위해 농민들은 비용을 줄이면서 단기간에 수확할 수 있는 방법을 받아들일 수밖에 없다. 이 때문에 유기농 퇴비 대신 화학 비료를 사용하게 된다.

전 세계의 질소 비료 사용량은 1960년에 비해 8배나 증가한 8천만 톤에 이른다. 농민들이 잡초와 해충을 없애기 위해 뿌리는 농약은 사용량이 1950년에 비해 50배가 증가했다. 이러한 화학제품의 생산에는 에너지가 이용되고, 몇몇 제품은 아주 위험한 온실가스를 생산하기도 한다.

농약
농작물을 공격하는 곤충을 죽이는 약품

숲이 파괴되고 있다

한때 유럽 대부분을 뒤덮었던 숲이 점차 사라지고 농경지가 되고 있다. 그리고 육우용 소를 기르는 목장을 조성하기 위해 남아메리카와 중앙아메리카 열대 우림의 나무들을 거대한 기계로 베고 있다. 이 지역에서 자란 소는 다른 가축보다 지방이 적다. 그래서 북아메리카를 비롯한 지역에서 쇠고기 버거를 판매하는 기업들에게 높은 평가를 받고 있다.

또한 기업들은 선진국에 판매하는 야자유, 고무 등을 재배할 농경지를 마련하기 위해 동남아시아의 거대한 열대 우림을 불태우고 있다. 살아 있는 나무는 이산화탄소를 흡수하지만, 탈 때에는 이산화탄소를 배출한

● 플랜테이션 농장에서 재배되는 기름야자 나무는 수송용 바이오 연료를 생산해 낸다.

다. 숲을 태우면 세계의 이산화탄소 과다 배출량의 5분의 1 정도가 뿜어져 나온다. 그리고 수백만 종의 서식지를 파괴하는 것은 물론이고 근처의 마을과 도시를 전부 숨 막히게 하는 거대한 연기구름을 만든다.

| 새로운 제품의 원천, 열대 우림 |

열대 우림 지역은 일 년 내내 기온이 높고 한 해 강우량이 1,000밀리미터 이상이다. 이곳에는 전 세계 생물 종의 절반 이상이 서식할 만큼 세계에서 가장 많은 종이 서식하고 있으며, 끊임없이 새로운 종이 발견되고 있다. 과학자들은 암과 같은 질병의 치료제도 열대 우림에서 발견될 거라고 생각한다. 따라서 열대 우림을 반드시 지켜 내야 한다.

바이오 연료가 지구 온난화를 완화할까?

최근 석유 값이 오르자 각국은 옥수수 같은 식물을 이용한 바이오 연료 생산에 매달리고 있다. 유럽 연합 회원국들은 2008년 말 기준으로 전체 교통수단 연료의 5.7퍼센트를 바이오 연료로 사용하고 있다. 미국은 2015년에 옥수수 생산량의 45퍼센트를 에탄올 생산에 사용할 예정이며, 2022년까지 전체 교통수단 연료의 15퍼센트를 바이오 연료로 사용하는 정책을 입안하고 있다.

바이오 연료가 정말 지구 온난화를 완화하는 데 기여할까? 실제로는 에탄올의 원료가 되는 옥수수를 재배하는 과정에서 석유 부산물로 만든 화학 비료나 농약을 대량으로 사용하고, 영농 과정에서도 농기계 등을 사용하면서 석유 에너지를 많이 쓰게 된다. 따라서 옥수수로 만든 에탄올이라고 해서 지구 온난화를 완화하는 데 기여하는 것은 아니다. 더욱이 에탄올 연료가 가솔린보다 온실가스를 두 배 이상 방출한다는 연구 결과도 있다. 바이오 연료 개발로 옥수수의 수요가 늘어나면서 가격이 오르고, 옥수수 재배를 위해 열대 우림을 파괴하여 지구 온난화를 가속화하는 문제도 있다.

다만 가정이나 식품 가공업에서 폐기되는 식용유를 재활용하여 바이오 디젤로 만들어 사용하는 것은 바람직하다. 바이오 디젤에서 나오는 이산화탄소는 지구 온난화 협약의 이산화탄소 배출량에 포함되지 않는다.

공장형 농업은 지구 온난화를 부추긴다

오늘날 대부분의 농장이 공장처럼 운영되는 데는 화학 비료와 화학 살충제가 큰 역할을 했다. 19세기 독일의 화학자 리비히는 NPK(질소, 인산, 칼륨)를 이용한 식물 재배를 주창했고, 이는 녹색 혁명을 통해 전 세계의 농업에 적용되었다. 화

학 비료를 쓰면 농민들은 해마다 같은 땅에 같은 작물을 재배할 수 있다. 단기적이기는 하지만 화학 비료가 작물에 영양분을 공급하기 때문이다.

이렇게 경작지 한 곳에서 하나의 작물만 키우는 것을 단작 재배라고 한다. 단작 재배는 씨 뿌리기와 잡초 제거, 수확을 효율적

• 비료를 쓰면 농작물을 더 많이 수확할 수는 있지만, 지구 온난화가 가속화되고 환경이 오염된다.

단작 재배
해마다 하나의 작물만 재배하는 영농 체계

윤작
같은 땅에 여러 가지 작물을 해마다 바꾸어 심는 방식으로 '돌려짓기'라고도 한다.

으로 할 수 있지만 문제점도 적지 않다. 우선 단작 재배를 하면 윤작처럼 수확량을 늘리지도, 병충해를 예방하지도 못한다. 단작 재배를 하면 오히려 해충이 더 많아진다. 농민들은 화학 살충제를 뿌려 해충을 죽이는데, 해충이 살충제에 내성을 가지게 되므로 점점 더 많은 농약을 사용하게 된다. 이러한 화학 비료, 농약과 같은 화학제의 생산에 많은 에너지가 소비된다. 그뿐만 아니라 공장형 농업은 농기계에 많이 의존하므로 화석 연료를 많이 사용한다. 단작 재배는 우수한 품종만이 살아남기 때문에 종자의 다양성과 유전적 자원이 사라지는 문제점도 있다.

한편 가축은 실내에서 인공 사료를 먹으며 사육된다. 이러

한 공장형 농업은 적은 비용으로 많은 농산물을 생산할 수 있게 하지만, 지구 온난화를 가속화하는 주된 원인이다.

농약은 후손들에게까지 영향을 미친다

화학 비료를 쓰면 땅속의 자연 영양분이 없어지더라도 농작물을 재배할 수 있다. 그러나 화학 비료는 아산화질소를 발생시킨다. 아산화질소는 이산화탄소 무게의 300배가 넘는 열을 가두어, 적은 양으로도 지구 온난화에 큰 위협이 된다.

그리고 들쥐 같은 작은 동물과 곤충이 농작물을 먹는데, 이때 농민들이 뿌린 농약을 먹고 죽는다. 블라이트와 같은 병해는 단일 작물을 재배하는 넓은 지대에서 퍼져 나가기 때문에

공장형 농업
대규모로 농작물과 가축을 생산하는 농업. 화학제를 많이 쓰고 집약적 영농 방법이 사용된다.

블라이트
감자에 발생하는 병해. 감자 역병이라고도 한다.

• 목화 재배에는 농민의 건강을 해치는 농약이 20배나 살포된다.

농민들은 더 많은 농약을 뿌려야 한다. 특히 농약을 가장 많이 뿌리는 목화밭 근처에 사는 사람들이나 노동자들은 농약 중독으로 고생하는 경우가 많다. 사과는 몇몇 질병에 취약해서 나무에서 익을 때까지 농약을 일곱 번이나 친다.

농약의 일부는 음식에 남아 우리의 건강을 해친다. 연구 결과에 따르면 농약 중독은 피부병, 기형아 출산 그리고 각종 암의 발생을 가져온다. 농약은 당사자를 넘어 3~4대에 걸쳐 후손들에게 영향을 미치는 것으로 알려져 있다.

다음은 농약으로 발생하는 피해의 일부 사례이다.

- 수단의 중부 지역에서 살포된 농약이 22퍼센트의 병원 사산아와 연관되어 있다.
- 미국 여성 3명 가운데 1명은 언젠가 암으로 진단될 위험에 처해 있다.
- 과테말라에서는 모유에 남아 있는 농약이 우유의 허용치보다 250배 많다고 발표되었다.
- 중국 아이들은 대부분 국제적으로 인정하는 최고치의 10배가 넘는 DDT를 모유를 통해 섭취하고 있다.

DDT
제2차 세계 대전 후부터 널리 쓰인 살충제. 독성이 식물에게 흡수된 후 다른 생물에게도 영향을 미친다는 것이 밝혀져 대부분의 국가가 제조와 판매, 사용을 금지했다.

공장형 농업이 일으키는 환경 문제가 제기되다

1962년, 공장형 농업이 환경에 끼치는 심각한 문제점을 고발한 책이 나왔다. 생물학자인 레이첼 카슨이 지은 《침묵의 봄》이다. 카슨은 이 책에서 대규모 영농을 위해 무차별적으로 뿌려지는 농약 특히 DDT가 미국의 야생 생태계를 파괴하고 있다고 고발했다. 이 책은 미국에서 환경 문제에 대한 대중 인식을 확산시키고 환경 운동을 발전시키는 기폭제 역할을 했다. 그 결과 1963년에 케네디 대통령이 환경 문제를 다룰 자문위원회를 구성한 데 이어 1969년에 미국 의회가 국가환경정책법을 통과시켰다. 암 연구소에서 DDT가 암을 유발할 수 있다는 증거를 발표한 후, 미국의 각 주는 DDT의 사용을 금지했다.

• 《침묵의 봄》 초판본이다. 레이첼 카슨은 이 책에서, 농약 등을 사용해서 환경을 계속 파괴하면 봄이 와도 새들이 지저귀는 소리를 듣지 못하는 날이 올 거라고 경고했다. '침묵의 봄'이라는 제목에는 이런 뜻이 담겨 있다.

우리나라는 농약과 화학 비료를 얼마나 사용할까?

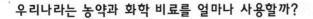

국제연합식량농업기구(FAO)의 자료에 따르면 1990년부터 2003년까지 우리나라의 헥타르(약 3,000평)당 농약 사용량은 연평균 12.8킬로그램으로 전 세계 146개국 가운데 타이완, 코스타리카, 콜롬비아에 이어 4위를 차지했다.

또한 세계은행(World Bank)의 자료에 따르면 2001년부터 2003년까지 우리나라의 헥타르당 비료 사용량은 연평균 422.6킬로그램으로 세계 8위 수준이었다. 이는 미국(111.9킬로그램)에 비해 3.8배, 칠레(242.7킬로그램)보다는 1.7배, 타이(114.5킬로그램)에 비해서는 3.7배가 많은 양이다.

화석 연료 채굴로 이루어지는 식량 재배

많은 생태학자들은 식품 산업에 화석 연료가 많이 쓰인다는 점에서 식량을 재배하는 것이 아니라 채굴하는 것이라고 주장한다. 식품 산업이 배출하는 이산화탄소의 약 4분의 1은 농업에서 나온다. 농민들은 트랙터, 농약 살포기, 콤바인 같은 농기계를 쓰면서 디젤유와 휘발유를 사용한다. 그리고 잡초 제거제, 비료, 농약은 화석 연료인 석유를 원료로 해서 만들어진다.

축산업에는 많은 항생제가 쓰인다

닭과 같은 가축도 화학제에서 안전하지 못하다. 대규모 공장형 농장에서는 많은 가축을 사육장 안에 가두어 놓는다. 가축들은 한데 모여 있어서 쉽게 병에 걸리고 전염도 빨리 된다. 병을 예방하기 위해 농민들은 항생제를 투여하고, 젖소에게는 더 많은 우유를 짜내기 위해 다량의 호르몬제를 투여한다. 우리는 음식을 섭취하면서 이러한 항생제나 호르몬의 일부를 먹게 된다.

항생제는 젖소의 유방염 같은 질병을 치료하는 데 쓰인다. 그리고 일종의 성장 촉진제로 항생제를 사료와 섞어 사용하기도 한다. 정제된 사료에 스트렙토마이신을 첨가했더니 병아리의 체중이 늘었다는 1946년 보고 이후 항생제가 본격적으

항생제
미생물이나 생물 세포를 선택적으로 억제하거나 죽이는 약품

호르몬제
호르몬을 뽑아내거나 합성하여 만든 약제로, 동식물의 기능을 통제한다.

로 사용되고 있는데, 10~15퍼센트의 성장 효과를 내는 것으로 알려져 있다.

참여연대의 실태 조사에 따르면 우리나라 축산업의 항생제 사용량은 연간 1,500톤이라고 한다. 이는 축산물 생산량이 우리나라의 1.2배 정도인 덴마크(연간 94톤)에 비해 16배, 축산물 생산량이 우리나라의 2배에 이르는 일본(연간 1,084톤)에 비해 1.5배나 높다. 축산물 생산량이 우리나라보다 무려 24배나 많은 미국도 항생제 사용량은 우리나라보다 3.8배 정도 많은 수준에 그치고 있다. 부끄럽게도 우리나라가 축산업의 생산량 대비 항생제 사용량에서 세계 최고 수준임이 드러난 것이다 (에코저널, 2005년 10월 4일).

양식에 사용되는 항생제의 피해도 심각하다

어획량이 수산물의 수요를 충당하지 못하기 때문에 양식이 전 세계로 확산되고 있다. 양식은 어린 물고기를 그물에 넣고 사료를 주어 다 자랄 때까지 키우는 것이다. 양식에도 축산업 못지않게 항생제가 사용된다. 수천, 수만 마리의 물고기가 좁은 그물에서 자라기 때문에 접촉으로 인해 상처가 나고 전염병에도 취약해진다. 전염병이 번지면 양식을 포기할 정도로 심각한 문제가 되므로, 양식장에서는 이를 예방하기 위해 '말라카이트 그린'이라는 항생제를 사료와 섞어 물고기에게 준다. 물고기 체내에 축적된 이런 항생제는 사람이 섭취하면 설사와 복통을 일으킨다.

동물 복지 로고
영국 동물학대방지협
회(RSPCA)가 가축을
방목하는 농장과 거기
에서 생산된 육류에
붙이는 로고이다.

동물 복지를 주장하는 운동이 일어나고 있다

공장형 사육 과정에서 가축들은 엄청난 스트레스와 고통을 받는다. 마취도 하지 않고 새끼 돼지의 꼬리와 이빨을 자르는가 하면 심지어 초식 동물인 소에게 동물성 사료를 먹이기도 한다. 동물 복지의 침해는 사람과 환경에도 피해를 준다. 그래서 우리나라에서는 아직 생소하지만, 최근 동물 복지를 주장하는 운동이 일어나고 있다.

영국 정부의 자문 기구인 농장동물복지위원회(Farm Animal Welfare Council)는 가축이 사육 과정에서 누려야 할 자유를 다음과 같이 발표했다.

- 배고픔과 갈증에서 벗어날 자유
- 불편함을 겪지 않을 자유
- 고통과 부상, 질병에서 벗어날 자유
- 정상적인 행동을 표현할 수 있는 자유
- 공포와 스트레스에서 벗어날 자유

자연을 거스르는 유전자 변형은 위험하다

수백 년 동안 농민들은 농작물을 기르고 가축을 번식시키는 가운데 산출량을 늘렸다. 암소와 수소를 잘 골라 짝을 지어 더 많은 우유를 생산하는 젖소를 낳게 하는 식이다. 이것을 선택 번식이라고 한다. 이와 달리 유전자 변형은 한 종의 특성을 다른 종에 삽입하는 것이다. 생태학자들은 유전자 변형이 자연을 거스르는 것일 뿐만 아니라 매우 위험하다고 말한다.

유전자 변형(genetically modified)은 주로 미국에서 쓰는 말로, 유럽에서는 그 대신 유전자 조작(genetically engineering)이라는 말을 쓴다. 유전자 변형이 중립적이라면, 유전자 조작은 부정적인 표현이다.

실제로 미국 정부는 유전자 변형 농산물을 전혀 규제하지 않는다. 시민 단체들이 의무 표시제를 청원했지만 미국 정부는 받아들이지 않았다. 미국 정부는 의무 표시제가 정보 혼란과 추가 비용을 가져온다고 반박하고 있다.

반면에 유럽 국가들은 대부분 유전자 변형 농산물이 유럽에 들어오는 것을 반대하고 있다. 유럽의 시민 단체들은 소비자 운동을 벌여 백화점이나 주요 식품 서비스 업체가 유전자 변형 농산물이나 가공식품을 판매하지 못하도록 했다. 유럽이 미국보다 이 문제에 더 부정적인 이유는 유전자 변형 식품의 안전성이 검증되지 않았고, 녹색 정당이 유전자 변형을 문제 삼고 있으며, 히틀러 치하에서 생체 실험을 겪었기 때문이다.

선택 번식
선호되는 특성의 개체를 생산하기 위해 농장 동물을 교배하는 것

유전자 변형
한 종의 유전자가 다른 종에 첨가되는 과학적 과정

그리고 유전자 변형 종자를 통해 미국이 세계 종자 시장을 지배하는 것을 경계하기 위해서이기도 하다.

유전자 변형은 어떻게 일어날까?

번식은 암수 유전자가 결합해 다른 개체를 형성함으로써 일어난다. 자연에서는 같은 종끼리만 암수가 결합해 번식한다. 하지만 오늘날 과학자들은 어떤 종의 유전자를 다른 종의 유전자에 추가할 수 있다. 예컨대 그들은 특정 병에 저항성을 가진 토마토를 만들기 위해 다른 식물에서 꺼낸 유전자를 토마토에 집어넣는다. 심지어는 매우 큰 가지가 열리는 종자를 기대하면서 코끼리 유전자를 가지에 집어넣을 수도 있다. 자연

● 유럽과 미국 사람들은 대부분 유전자 변형 식품에 반대한다. 이들이 유전자 변형 식품 반대 시위를 벌이고 있는 모습이다.

계에서는 절대 생길 수 없는 종이 유전자 변형에 의해 만들어지고 있는 것이다.

유전자 변형은 농업에 얼마나 도입되었을까?

유전자 변형 기술은 1983년 외부 유전자를 담배 나무로 이전하면서 농업에 도입되었다. 1996년에는 야외 경작지에서 상업적 목적의 유전자 변형 작물이 재배되기 시작했다.

2010년 전 세계 유전자 변형 작물(GMO)의 재배 면적은 1억 4,800만 헥타르로 전 세계 경작 면적 15억 헥타르의 약 10퍼센트를 차지하고 있다. 2010년 국가별 GMO 재배 면적은 미국, 브라질, 아르헨티나, 인도, 캐나다 등의 순이다.

작물별 재배 면적은 콩 7,330만 헥타르, 옥수수 4,680만 헥타르, 목화 2,100만 헥타르, 캐놀라 700만 헥타르 순이다. 이윤이 많이 남는 콩이 가장 많이 재배되고 있다. 가축의 사료와 식품 가공 산업의 윤활유로 많이 활용되기 때문이다.

2010년 유전자 변형 작물을 재배하는 나라는 29개국인데 이 중 선진국이 10개국, 개발도상국이 19개국이다. 유전자 변형 작물을 재배하는 농민은 전체 1,540만 명인데 이 중 90퍼센트인 1,440만 명이 개발도상국의 농민이다.

2005년 조사 결과에 따르면, 우리나라에서 개발 중인 유전자 변형 작물은 벼, 고추, 감자 등 18가지 작물로 45종이다.

2010년 GMO 상위 10개국 및 면적(단위 : 백만 헥타르)

순위	국가	재배 면적
1	미국	66.8
2	브라질	25.4
3	아르헨티나	22.9
4	인도	9.4
5	캐나다	8.8
6	중국	3.5
7	파라과이	2.6
8	파키스탄	2.4
9	남아프리카공화국	2.2
10	우루과이	1.1

출처 : 농업 생명공학 응용을 위한
국제서비스(ISAAA), 2010

유전자 변형의 문제점은 무엇인가?

제초제
화학적 독성이 있어
불필요한 식물을 죽이
는 약품

유전자 변형에 반대하는 주된 논란은 유전자 변형이 장기적으로 어떤 결과를 가져올지 알 수 없다는 데 있다. 예컨대 제초제에 견디는 유전자 변형 종자를 만들 경우, 잡초 중에도 똑같은 종이 있을 수 있다. 이러한 잡초는 제초제에도 견디는 슈퍼 잡초가 되어 유전자 변형 작물과 함께 자랄 것이다.

또한 유전자 변형 농산물이 사람에게 미치는 장기적인 결과도 문제가 된다. 유전자 변형 농산물을 먹으면, 무엇을 먹었는지 정확하게 알 수가 없다. 예를 들어 견과류 알레르기가 있는 사람이 견과류 유전자가 들어 있는 밀을 먹고 병이 날 수도 있는 것이다.

유전자 변형으로 누가 이익을 얻을까?

유전자 변형(GM) 종자는 현재 5대 생명공학 기업(아스트라제네카, 듀퐁, 몬산토, 노바티스, 아벤티스)이 독점하고 있다. 문명 비평가 제레미 리프킨은 인류 역사상 처음으로 생명공학 기업들이 생명의 건축가, 생명의 소유자가 되고 있다고 지적했다. 이 기업들은 기업 합병과 인수, 연합을 통해 투입재, 농산물 가공 등 농업 생산의 전 영역을 지배하고 있다.

이런 GM 기업들은 첨단의 생명공학 기술을 활용하여 종자 독점을 통해 이윤을 얻고자 한다. 예전에는 대부분의 종자가 농민들의 공유 재산이었지만, GM 기업들은 기존의 종자와는 전혀 다른 종자를 만들어 사유 재산으로 삼았다.

유전자 변형 종자는 비쌀 뿐만 아니라 각각 사용해야 하는 농약이 정해져 있다. 한 예로 글라디에이터라는 기술을 종자

• 미국에서는 유전자 변형 작물이 일반화되어 있고, 유전자 변형 작물과 일반 작물이 혼합되어 식품이 생산된다. 따라서 소비자들은 자신이 무엇을 먹는지 알지 못한다.

에 적용하면 특정 농약에 내성을 가진 종자가 만들어진다. 이 종자에는 특정 농약만 사용해야 하기 때문에 GM 기업은 종자에 농약을 끼워 팔 수 있다. 이처럼 이윤을 안정적으로 얻을 수 있기 때문에 GM 기업은 반대 여론을 무릅쓰고 유전자 변형 종자의 개발에 힘을 쏟고 있는 것이다.

GM 기업들은 그들의 생산물이 세계를 굶주림에서 구할 것이라고 주장한다. 하지만 대부분의 유전자 변형 농산물은 개발도상국 사람들을 위한 식량 공급에 쓰이지 않고, 선진국 소비자들을 대상으로 한다.

영국의 코너하우스는 다음과 같은 이유를 들어, 유전자 변형이 세계의 기아 문제를 해결하기 어렵다고 지적했다.

- 식량보다 사료를 생산한다. 대부분 고기를 먹지 않는 인도 사람들의 식량 문제에 도움이 되지 않는다.
- 지속 가능한 농업이 아니다. 슈퍼 잡초와 슈퍼 해충으로 농약을 많이 사용하게 되고, 화학 물질 사용으로 토양 침식이 늘어난다.
- 기존 종자보다 수확량이 적다. 실제로 미국의 유전자 변형 종자인 라운드업 레디 콩(Roundup Ready Soybean)이 일반 종자보다 6~11퍼센트 정도 수확량이 적은 것으로 나타났다.

라운드업 레디 콩
미국의 몬산토 회사가 개발한 유전자 변형 콩이다. 이 콩은 몬산토 회사가 만든 제초제인 라운드업에 내성을 가지고 있어서 라운드업을 아무리 많이 뿌려도 잘 자란다. 몬산토는 라운드업을 더 많이 팔기 위한 일환으로 라운드업 레디 콩을 개발했다.

| 터미네이터 종자 |

GM 기업들은 돈을 벌기 위해 터미네이터 종자를 만들어 냈다. 보통 농민들은 다음 해에 뿌릴 씨앗을 저장해 두지만, 터미네이터 종자는 다시 뿌릴 종자가 생산되지 않는다. 그래서 농민들은 매년 GM 기업에서 새로운 종자를 살 수밖에 없다. 이것은 가난한 농민들이 부담해야만 하는 추가 비용이다. 생태학자들은 터미네이터 종자 개발이 비도덕적이라고 말한다. 2007년에 국제 연합(UN)은 터미네이터 종자를 당분간 금지했지만 이 결정이 얼마나 오래갈까?

유기농업이란 무엇인가?

유기농업은 토양과 식물을 보존하기 위해 수세기 동안 발전해 온 전통적인 영농 방식을 사용한다. 즉 화학 비료와 살충제를 쓰지 않고, 현대식 농장이 사용하는 에너지의 4분의 1 정도만을 사용한다.

유기농법은 1940년에《농업 성전(An Agricultural Testament)》을 낸 영국의 알버트 하워드(Albert Howard)에 의해 정립되었다. 농업 과학서이자 철학서인 이 책에서, 그는 퇴비 만들기와 윤작을 장려하고 "토양과 식물, 동물 그리고 인간의 건강을 하나의 주제로 다루어야 한다."라고 주장했다.

터미네이터 종자
싹이 나와 재배는 되지만, 다음 해에 종자가 생산되지 않는다.

국제 연합
대부분의 국가들이 소속되어 있는 국제 기구로, 경제 발전을 조장하고 평화를 유지하기 위해 국가 간의 협력 증대를 목표로 한다.

유기농업
항생제는 필요할 때에만 최소로 사용하며, 화학 비료나 기타 화학제를 전혀 사용하지 않는 영농 방식

알버트 하워드(1873~1947)
식물 병리 및 미생물을 연구한 영국 학자이다. 1900년 초부터 40년 동안 농업 시험장에서 퇴비를 중심으로 연구하여 유기농업 이론을 정립했다.

그 후 1972년에 국제유기농업운동연맹(IFOAM)이 창설되어 유기농업을 전 세계에 확산시키기 시작했다.

유기농업은 각 나라의 여건에 따라 다르게 발전하고 있다. 산업화된 국가에서는 유기농업과 유기농산물 시장이 매년 약 25퍼센트씩 성장하고 있다.

선진국에 비해 개발도상국은 유기농 발전이 더딘 편이다. 장애 요인으로는 지식과 인식의 결여, 훈련 기회의 부족, 하부 구조의 문제, 마케팅 구조, 낮은 구매력, 토지 소유 구조, 새로운 기술에 대한 접근 제한 등이 지적되고 있다.

유기농업이 따르는 전통적인 방식은 무엇인가?

예전에 농민들은 경작지마다 지난해와 다른 작물을 심어 가며 몇 가지 작물을 재배했다. 이렇게 윤작을 하면 특정한 작물에 피해를 주는 병충해를 막을 수 있었다. 매년 경작지 하나는 농사짓지 않았는데, 이는 흙이 영양분을 회복할 수 있는 기회가 되었다.

유기농업에서는 이러한 윤작 체계를 이용하고, 엄청난 아산화질소를 배출하는(75쪽 참고) 화학 비료 대신 동물 분뇨와 같은 자연 비료를 쓴다. 그리고 3년마다 땅콩과 같은 작물을 심어 질소를 땅에 고정시킨다. 유기농업으로 재배한 작물은 집약적 생산 작물과 달리 농약을 뿌리지 않아도 된다.

또한 전통적인 방식대로 방목해서 키운 가축은 공장형 농장의 가축보다 건강해서 항생제를 맞을 필요가 없다.

유기농 방식의 장점과 단점은 무엇인가?

방목해서 유기농 방식으로 키우는 가축은 공장형 농장의 가축보다 온전하게 취급된다. 가축들이 자유롭게 움직일 수 있고 자연의 사료를 먹기 때문이다. 많은 사람들은 이러한 방식으로 생산된 고기가 더 맛있다고 생각한다. 하지만 일부 소비자들은 운동량과 물 섭취량을 제한하고 특정 사료를 먹여 키운 소의 꽃등심이 더 맛있다고 생각하기도 한다.

무엇보다 유기농산물에는 농약이 남아 있지 않아 우리의 건강에 이롭다. 그리고 유기농장에서는 농약을 쓰지 않고 사람들이 직접 제초 및 병충해 방제를 하기 때문에 많은 일꾼들이 필요하다. 이렇게 많은 일자리를 만들어 내는 유기농장은 농촌에 유휴 노동력이 많은 개발도상국에서 더 필요하다.

유기농으로 재배한 농작물은 현대식 영농 방식으로 키운 것보다 작고, 과일은 흠집이 많은 것도 있다. 하지만 흠집은 보기에만 안 좋을 뿐, 맛에는 영향을 미치지 않는다. 그럼에도

• 밖에 풀어 놓고 기르는 닭은 공장형으로 기르는 닭보다 더 넓은 공간에서 자유로이 돌아다닐 수 있다.

방목
가축이 돌아다닐 수 있도록 공간이 제공되는 사육 체계

많은 사람들은 일단 눈으로 보기에 좋은 농산물을 더 좋은 먹을거리로 생각한다. 사람들의 이러한 생각과 행동 때문에 유기농산물의 판매 시장이 위축될 수 있다. 그러나 현재 많은 사람들이 유기농 식품을 구입하고 있다. 더 많은 사람들이 유기농 식품을 구입하게 되면 지역 농장이 공급하는 것으로는 부족하다. 그래서 유기농산물을 해외에서 들여오게 되는데, 이것은 푸드 마일을 늘려 지구 온난화를 일으킨다.

• 유기농 과일과 채소는 농약이나 다른 화학제가 들어 있지 않지만, 먹기 전에 잘 씻어야 한다.

| 값싼 식품의 이면 |

유기농 식품은 일반 식품보다 종종 비싸다. 현대식 영농 방식으로 생산한 먹을거리는 값이 싸지만, 환경을 훼손하고 과다한 온실가스를 수십 톤이나 생산한다. 우리가 지금 지불하는 식품 가격에는 이러한 비용이 포함되어 있지 않지만, 미래에는 지구 온난화 때문에 생기는 비용을 지불해야 할 것이다. 값싼 식품의 가격은 정당한 것일까?

친환경 농산물 인증제는 어떤 것인가?

우리나라에서는 1976년에 정농회가 유기농
업을 시작했다. 1978년에 한국유기농협회가
설립되었고, 1980년대 중반에는 '한살림' 생협
(생활협동조합)을 중심으로 친환경 농산물이
본격적으로 유통되었다. 1991년에는 정부 내에 유기농업발
전기획단이 설치되었고, 1993년에 '품질 인증제'가 도입되었
으며, 1994년 12월에는 농림부에 (친)환경농업과가 설치되었
다. 1997년 12월 13일에 환경농업법이 제정, 공포되었지만 1
년의 경과 기간을 두어 1998년 12월 14일부터 실시되었다.

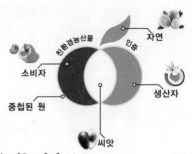

• 우리나라의 친환경 농산물 인증 표시는 자연과 인간의 조화를 상징한다.

친환경 농산물 인증제는 1999년 1월 12일부터 시작되었다.
인증은 친환경 농산물 인증 기관(국립농산물품질관리원, 민간
지정 기관)이 맡고 있다. 처음에는 저농약 농산물, 무농약 농산
물, 전환기 농산물, 유기농산물 네 가지로 인증했으나 2007년
4월부터 전환기 농산물을 제외했다.

저농약 농산물은 농약을 안전 사용 기준의 절반 이하로 사
용한(제초제는 사용하지 않음) 것이고, 무농약 농산물은 농약을
사용하지 않고 화학 비료는 권장량의 3분의 1 이내로 사용한
것이다. 유기농산물은 3년 이상 화학 비료와 농약을 사용하지
않고 재배한 농산물을 말한다. 축산물도 2007년 3월 28일부터
인증제가 도입되어 유기 축산물과 무항생제 축산물로 나뉘어
인증되고 있다.

태평농법이란 무엇인가?

우리나라에서는 1990년대부터 친환경 농업인 태평농법이 보급되기 시작했다. 태평농법은 기존의 벼농사 방법과 달리 모를 심지 않고 논을 갈아엎지 않는 독특한 농사법으로 농약, 비료, 제초제도 사용하지 않는다. 초여름에 밀, 보리를 수확하면서 동시에 논에 볍씨를 뿌린 뒤 보릿짚이나 밀짚을 덮는다. 모내기를 하지 않으므로 물을 거의 대지 않고 벼가 집중적으로 자라는 시기에 두세 번 물을 댈 뿐이다. 볍씨를 뿌린 뒤에 덮은 보릿짚이나 밀짚이 퇴비가 되므로 별도의 퇴비를 넣지 않는다. 씨앗 위에 덮인 보릿짚이나 밀짚은 잡초가 자라는 것을 억제하며 온갖 미생물과 천적이 생겨나게 한다. 가을에는 벼를 거두면서 밀이나 보리를 파종한다. 그리고 마늘과 상추를 같이 심어 잡초의 발생을 억제하는 혼작을 한다.

경상대 최진룡 교수팀의 조사 결과에 따르면, 태평농법의 3백 평당 평균 수확량은 498킬로그램으로 기존 농법의 413킬로그램보다 85킬로그램이나 더 많다. 영농 비용도 기존 농법은 한 마지기(200평)에 13만~18만 원이 들지만 태평농법에는 1만 원밖에 들지 않는다.

수입 유기농산물에는 어떤 문제가 있을까?

우리나라는 2003년부터 유기농산물을 수입했다. 유기농산물에 대한 소비자들의 관심이 커지면서 점점 수입량이 늘고 있다. 일부 소비자는 외국에서 생산, 가공된 수입 유기농산물이 우리나라의 유기농산물보다 더 우수하다고 생각하지만, 수입 유기농산물은 다음과 같은 문제점을 갖고 있다.

- 수입되는 가공용 유기농산물 인증의 경우, 서류 심사에 그쳐 생산 과정 및 품질이 인증 기준에 맞는지 신뢰하기 어렵다.
- 수입 유기농산물은 장거리 수송되어 오기 때문에 환경 문제를 일으킨다.
- 수입 유기농산물은 소비자들이 우리나라의 농업, 농촌 문제를 소홀히 여기게 해 우리나라 농업 발달을 가로막는다.
- 부유층 가운데 자신의 지위를 과시하기 위해 수입 유기농산물을 구입하는 사람들이 있다. 이러한 소비는 계층 간의 위화감을 낳는다.
- 소비자들의 구매 대금이 외국으로 빠져나가기 때문에 우리나라 농촌 경제에 도움이 되지 않는다.

국내 유기농산물과 수입 유기농산물의 인증 절차 비교

국내 유기농산물	인증 신청 ⇒ 인증 심사 ⇒ 심사 결과 통보 ⇒ 생산 과정 조사 ⇒ 시판품 조사 * 인증 기준 : 경영 관리, 토양·용수·종자 조사, 재배 방법 조사, 품질 관리
수입 유기농산물	인증 신청 ⇒ 수출국 인증 서류 제출 ⇒ 유기농 인정 * 인증 기준 : 수출국의 인증서

출처 : 경향신문(2005년 10월 24일)

먹을거리의 자가 생산은 왜 좋은가?

지구 온난화를 줄이는 한 가지 방법은 먹을거리를 직접 생산하는 것이다. 이를 먹을거리의 자가 생산이라고 한다. 이 방식은 우선 푸드마일을 줄이며, 비료나 농약을 사용하지 않거나 적게 사용한다.

먹을거리의 자가 생산이 잘 실현되고 있는 도시는 캐나다의 밴쿠버와 토론토이다. 조사 결과에 따르면 밴쿠버 시민들의 56퍼센트가 자기 먹을거리의 일부를 직접 생산하고 있다고 한다. 밴쿠버 시민들은 주택에 딸린 텃밭이나 시가 임대해 주는 공동체 텃밭(community garden) 등에서 먹을거리를 재배한다. 시민 단체나 시 정부도 시민들이 텃밭에 화초보다 채소나 과일나무 등을 심는 것을 권장하고, 이와 관련된 교육 프로그램을 마련하고 있다. 토론토에서는 뒤뜰에 조성된 텃밭과 공동체 텃밭 외에 옥상 텃밭도 개발되어 있다.

먹을거리의 자가 생산은 지구 온난화를 완화할 뿐만 아니라, 사람들에게 맛 좋고 깨끗하고 안전한 먹을거리를 제공한다. 또한 농업을 발전시키고, 농업의 중요성에 대한 도시민의 이해를 향상시킨다.

도시 농업의 장점은 무엇인가?

도시 농업은 먹을거리를 자가 생산하고 나머지를 판매하는 농업으로, 도시 경계 안에서 식량 생산이 이루어진다. 기후나 그 국가의 체제(시장 경제 또는 계획 경제)에 관계없이 세계의 많은 도시에서 도시 농업이 발달했다. 중국에서는 도시 직업의 40퍼센트가 농업으로 분류될 정도이다. 전 세계에서 도시 농업이 가장 발달한 곳은 인구의 80퍼센트가 도시에 살면서 소련 붕괴 이후 농업을 통해 먹을거리의 자급 체제를 구현한 쿠바이다. 그 밖에도 전 세계의 많은 곳에서 도시 농업이 도시 식량의 4분의 1 내지 반 정도를 공급하고 있다.

도시 농업은 일반 농업에 비해 많은 노동력을 투입하여 토지를 집약적으로 이용한다. 도시 농업은 장거리 수송에 적합하지 않은 채소와 과일을 생산하기에 좋다. 그리고 단백질의 공급원으로 가축, 특히 닭이나 토끼와 같은 작은 가축이 주로 사육된다. 생활 쓰레기와 하수 등 도시에 풍부하지만 이용되지 않던 유기물 자원을 활용해 생산이 이루어진다.

도시 농업은 음식물 쓰레기 등을 순환시켜 도시 환경을 개선하고, 위생 시설의 유지비를 줄이며, 신선한 먹을거리를 공급하여 주민의 건강 상태를 향상시키는 이점이 있다. 그리고 먹을거리의 자가 생산을 통해 가계에 도움을 주고, 도시에서 일자리를 제공한다. 최근 들어 우리나라에서도 도시 농업에 대한 관심이 커지고 있다.

끝없는 소비가 만드는 쓰레기 산

소비재의 값이 너무 싸서 사람들은 점점 더 많이 구입하고, 많은 것을
버린다. 대부분의 사람들이 멀쩡한 휴대폰을 새것으로 바꾸고,
이전에 쓰던 휴대폰을 버린다. 미국에서는 매년 2천만 대 이상의
컴퓨터가 버려진다. 많은 사람들이 거의 신지 않을 구두, 입지 않을
옷을 산다. 우선 사 두면 언젠가 필요할 거라고 생각하는 것이다.
사람들은 값싼 옷을 몇 번 입다가 세탁해서 늘어나면 버린다.
이렇게 버려지는 쓰레기에 더해, 새로운 제품을 싸는
포장도 결국 쓰레기가 된다.

과대 포장이 쓰레기로 버려진다

포장은 제품에 더러운 것이 묻지 않도록 하고, 수송 중에 제품이 훼손되지 않도록 보호한다. 또한 제품을 더욱 매력적으로 보이게 해서 소비자들의 구매를 유도한다. 그래서 기업은 제품 포장에 많은 관심을 기울인다.

예를 들어 CD-ROM으로 만들어진 컴퓨터 게임은 CD보다 훨씬 더 큰 상자에 넣어 유통된다. 무료로 배포되는 DVD는 사람들이 받자마자 버리기 때문에 그 자체가 쓰레기이다. 두꺼운 종이로 된 재킷에 간단히 포장되는 무료 DVD에 비해, 유료 DVD는 DVD를 고정하는 커다란 플라스틱 상자 안에 들어 있다. 이러한 포장은 쓰레기로 버려져 지구 온난화를 불러온다. 지구 온난화를 막으려면 제조업자들은 제품 포장을 최소화하고, 가능하면 재활용 물질을 포장재로 써야 한다.

• DVD보다 DVD의 포장을 만드는 과정에서 더 많은 이산화탄소가 배출된다.

쓰레기가 산을 이루다

우리나라 서울 상암동의 난지도는 예전에 쓰레기 산이라고 불렸다. 한강변에 위치한 이곳은 1978년 제방이 만들어진 후 서울의 쓰레기 매립지로 15년간 이용되다가, 1993년 2월 완전히 폐쇄된 후 생태 공원으로 조성되고 있다.

이곳에는 서울시의 생활 쓰레기 전량과 산업 쓰레기의 일부가 매립되었다. 매립지의 면적은 난지도 전체 면적 82만 3,000평(272만 제곱미터) 가운데 57만 7,000평(190만 7,000제곱미터)이다. 비위생 단순 매립 방식으로 생활 쓰레기, 건설 폐자재, 하수 슬러지, 산업 폐기물 등이 매립되었다.

처음에는 국제적인 매립장의 일반 높이인 45미터까지 매립할 계획이었지만, 새 수도권 매립지의 건설이 늦어지는 바람에 계속 쌓을 수밖에 없어 세계에 유례가 없는 95미터 높이의, 윗부분이 평평한 쓰레기 산 두 개가 생겨났다. 이렇게 쌓인 쓰레기의 양은 8.5톤 트럭 1,300만 대가 실어 나를 분량인 9,197만 2천 세제곱미터에 이른다.

슬러지
하수 처리나 정수 과정에서 생긴 침전물

• 쇼핑객들이 여러 상점에서 받은 비닐 봉투를 들고 있다. 한 번 쓰고 버리는 비닐 봉투 대신 장바구니를 사용하는 습관이 절실히 요구된다.

포장이 지구 온난화를 가속화한다

제품의 포장에는 화석 연료인 석유로 만든 플라스틱이 사용될 때가 많다. 재질이 가벼운 플라스틱은 신축성이 큰 셀로판, 폴리에틸렌, 폴리스티렌 등으로 만들

어진다. 포장을 하는 기계도 화석 연료를 태워 만드는 전기에 의해 작동된다. 그러므로 우리가 구입하는 제품 자체보다 포장이 지구 온난화를 더 가속화할 수 있다. 제품의 포장을 뜯고 나면 포장재는 쓸모가 없어 버려진다. 우리는 상품의 질과 무관한 포장에 주목해야 한다. 적지 않은 포장비뿐만 아니라, 포장으로 인한 지구 온난화 비용도 결국 소비자가 부담하기 때문이다.

유기농 방식으로 농사짓는 사람들도 유통업체의 요구에 따라 지나친 포장을 해야 하는 경우가 있다. 이러한 포장은 환경을 지키려는 유기농 정신에 어긋날 뿐만 아니라 농민들에게 추가 비용을 부담하게 하고 노동 시간을 빼앗는다.

| 생수 페트병 |

물을 마시는 것은 건강에 좋지만, 생수 페트병은 나중에 버려져 환경을 오염시키고 지구 온난화를 불러온다. 영국만 해도 매년 페트병 50억 개가 버려진다. 플라스틱으로 된 페트병은 썩지 않으며 대부분은 쓰레기 매립지에 쌓인다. 따라서 페트병에 든 생수를 사는 대신 수돗물을 거르는 필터가 달린 정수기를 사는 것이 더 낫다.

재활용할 수 없는 쓰레기는 어떻게 처리될까?

재활용할 수 없는 쓰레기는 대부분 압착되어 땅속에 묻히는데, 이것을 매립이라고 한다. 쓰레기의 일부는 소각로에서 태워지는데, 소각 과정에서 이산화탄소와 독성 연기가 생기고 소각로 설치 및 관리 비용이 많이 든다.

많은 국가들이 쓰레기 처리 방식에 대한 규정을 두고 있다. 예를 들어, 가정용 페인트나 냉장고 같은 제품은 사람들에게 피해를 주는 화학물질이 들어 있으므로 안전하게 처리되어야 한다. 소비재는 대부분 선진국이 구입하므로 쓰레기는 주로 선진국의 문제이다. 한편 개발도상국들은 쓰레기 처리에 대한 규제가 약하거나 없기 때문에 근래에 많은 문제가 일어나고 있다.

쓰레기 매립을 줄이려면 재활용을 늘려야 한다

최근까지도 땅에 큰 구덩이를 판 뒤 쓰레기를 묻고 흙을 덮었다. 하지만 오늘날 많은 국가들은 이렇게 쓰레기를 매립할 곳이 별로 없다. 그뿐만 아니라 쓰레기 매립은 몇 가지 문제가 더 있다. 매립지 인근에 사는 주민들이 쓰레기가 내뿜는 냄새에 시달리고, 쥐와 벌레들이 몰려든다. 우리나라에서는 조류 독감으로 살처분한 닭을 매립했을 때 그 근처에서 악취가 나고 지하수가 오염되는 일이 벌어지기도 했다. 또 쓰레기 매립

매립
땅을 깊이 파고 쓰레기를 묻는 일

소각로
쓰레기나 폐기물을 태우는 시설물

• 쓰레기 매립지는 보기에도 안 좋을 뿐만 아니라 벌레가 모여들고 온실가스인 메탄을 배출한다.

지의 선정을 놓고 지방 자치 단체와 인근 주민들 간에 갈등이 생긴다. 매립지에 쓰레기 트럭이 오가면서 지속적인 교통 체증을 일으키기도 한다.

　일부 쓰레기는 부패하면서 온실가스인 메탄을 배출한다. 쓰레기 매립장에서 석유보다 환경을 덜 오염시키는 연료로 사용하기 위해 메탄을 모으기도 한다. 매립물이 더 빨리 분해되도록 공기와 액체를 주입하는 매립장도 있다. 하지만 재활용되지 않는 플라스틱은 썩지 않고 수백 년간 매립지에 남는다.

　우리나라에서는 생활 폐기물 가운데 매립이 차지하는 비중이 2000년 47퍼센트에서 2007년 23.6퍼센트로 꾸준히 줄어들고 있다. 같은 기간에 소각은 11.7퍼센트에서 18.6퍼센트로 늘어났고, 재활용은 41.3퍼센트에서 57.8퍼센트로 크게 늘어났다. 특히 재활용이 늘고 있는 것은 자원의 절약과 지구 온난화의 완화를 위해 고무적인 현상이다.

쓰레기 소각의 문제점은 무엇인가?

소각로는 쓰레기를 태우는 매우 커다란 시설물이다. 소각로는 매우 뜨거우며, 계속해서 쓰레기를 넣어 주어야 한다. 소각로를 고온으로 높이려면 많은 에너지가 필요해서, 어떤 곳에서는 소각로를 계속 작동시키기 위해 재생해야 하는 쓰레기를 소각로에 투입한다.

일부 소각로는 전기를 생산한다. 오스트리아의 쓰레기 소각장은 쓰레기를 태우면서 나오는 열로 인근 지역 사람들에게 난방을 제공한다. 그리고 남은 찌꺼기 가운데 철을 자석으로 골라내고, 마지막으로 남은 것은 비료로 쓴다.

하지만 대부분의 쓰레기 소각장은 이렇게 운용되지 못하고 있다. 쓰레기 소각의 큰 문제점은 독성이 있는 연기를 대기에 배출한다는 점이다. 이러한 연기가 소각장 인근에 사는 주민들의 건강을 해칠 수 있다. 또 다른 문제점은 소각 시설의 설치뿐만 아니라 유지, 관리에도 많은 비용이 들어간다는 점이다.

우리나라는 2007년에 전체 생활 폐기물 중 소각에 의한 처리가 18.6퍼센트였으나, 소각 관련 연간 유지 관리비가 전체 생활 폐기물 처리 비용의 52.5퍼센트였다. 매립보다 소각에 유지, 관리비가 몇 배 더 들어가는 것이다. 매립지와 마찬가지로 소각장에 쓰레기 트럭이 오가면서 교통 체증을 일으키는 것도 문제이다.

음식물 쓰레기는 자원화할 수 있다

우리나라는 음식의 특성과 사람들의 식습관 때문에 다른 나라보다 음식물 쓰레기가 많이 생기고 있다. 음식 폐기물의 하루 1인당 발생량은 2003년 0.235킬로그램, 2005년 0.265킬로그램, 2007년 0.292킬로그램으로 꾸준히 증가하고 있다. 하루 기준 약 1만 2천 톤으로 4톤 트럭 3,000대 분량이다. 그 구성은 채소류, 육류, 어패류 순이다.

우리나라에서는 음식 폐기물을 재활용하기 위해 분리수거를 실시하고 있다. 음식 폐기물 가운데 일반 쓰레기로 배출해야 하는 항목은 다음과 같다.

- 소, 돼지와 같은 가축의 털과 뼈
- 조개류의 껍데기
- 호두와 같은 견과의 껍데기, 복숭아와 같은 핵과류의 씨
- 종이나 헝겊으로 포장된 1회용 티백

생선 뼈 등 나머지 음식물은 모두 음식물 쓰레기로 배출하

되 물기와 이물질을 최대한 제거해야 한다. 분리수거가 되지 않은 음식물 쓰레기는 매립된다. 이것은 아까운 자원의 낭비이며, 매립지에서 공해가 발생하는 원인이 되기도 한다.

우리나라의 음식 폐기물 재활용률은 2007년 기준 92.2퍼센트로 매우 높은 편이다. 음식 폐기물은 습식 사료, 건식 사료, 퇴비화, 혐기성 소화, 하수 병합으로 자원화 처리되고 있다. 최근에는 음식 폐기물을 이용한 지렁이 사육, 버섯 재배, 탄화 기술이 시범적으로 실시되고 있다.

혐기성 소화
미생물을 통해 유기물이 비교적 안정된 유기물이나 불활성 무기물로 분해되는 것

탄화
유기 화합물이 열분해나 화학적 변화에 의해 탄소로 변하는 것. 음식물 쓰레기는 바싹 말린 뒤 탄화로에서 고열을 가하면 가스와 탄소로 나뉜다. 이와 같은 과정을 거쳐 얻은 숯가루는 난방에 쓰인다.

어떻게 하면 산업용 쓰레기를 줄일 수 있을까?

산업은 엄청난 쓰레기를 만들어 낸다. 예를 들어, 미국에서 매년 생산되는 일반 산업 쓰레기는 750억 톤 가까이 된다. 가정용 쓰레기와 마찬가지로 일반 산업용 쓰레기는 매립지나 소각로에서 처리된다.

우리나라에서는 산업용 쓰레기를 사업장 폐기물과 건설 폐기물로 분류한다. 2007년 기준 총 폐기물 중 건설 폐기물이 51.0퍼센트로 가장 많고, 다음으로 사업장 폐기물이 34.1퍼센

● 이 화장품들은 포장을 거의 하지 않은 채 판매되고 있다.

트, 생활 폐기물이 14.9퍼센트를 차지한다. 생활 폐기물과 건설 폐기물의 재활용률은 꾸준히 증가하고 있지만, 사업장 폐기물의 재활용률은 점차 감소하고 있다. 우리나라 총 폐기물 중 산업용 쓰레기가 85.1퍼센트를 차지하고 있다. 따라서 생활 폐기물을 줄이는 노력도 중요하지만, 산업용 쓰레기를 줄이기 위해 건설 현장 및 사업장의 폐기물 관리를 강화해야 한다. 소비자들은 정부와 지방 정부가 그러한 조치를 취하도록 영향력을 행사해야 한다.

농촌 폐비닐의 문제가 심각하다

우리나라 농촌에서 버려지는 쓰레기 가운데 농약병, 폐비닐 등이 문제가 되고 있다. 한국환경공단의 자료에 따르면, 농촌의 폐비닐은 2005년과 2006년에 각각 32만여 톤이 발생했는데, 수거량은 2005년에 21만 톤, 2006년에 22만 톤이었다. 매년 10만여 톤이 농촌의 들녘에 그대로 방치되고 있다. 폐비닐은 매립하면 500년 동안 썩지 않으며, 소각하면 다이옥신 등이 생긴다. 방치될 경우 미생물을 죽게 하고 영농에 지장을 준다. 농촌 폐비닐의 문제를 해결하기 위해서는 완벽한 수거와 재활용이 필요하다.

| 쓰레기 줄이기 |

쓰레기를 줄이는 몇 가지 방법이 있다.
• 물건을 적게 산다.
• 상점에서 비닐봉투를 받지 않고 장바구니를 사용한다.
• 가능하면 포장을 적게 한 제품을 고른다.
• 요구르트 용기처럼 가능하면 포장을 재사용한다.

빈 그릇 운동은 음식물 쓰레기를 줄인다

우리나라에서는 음식물 쓰레기를 줄이자는 빈 그릇 운동이
민간에서 전개되고 있다. 이 운동은 불교 정토회 산하 단체인
에코붓다를 중심으로 확산되고 있으며, 온라인(http://www.
jungto.org)과 오프라인을
통해 '나는 음식을 남기
지 않겠습니다.'라는 서약
서를 작성한 뒤 가정이나
학교에서 실천하는 것을
골자로 한다. 그리고 음식
물 쓰레기를 이용하여 지
렁이를 키우기도 한다.

이 운동은 선언에 서약

•빈 그릇 운동을 실천
한 홍은초등학교 어린
이들

• 빈 그릇 운동 서약서
를 작성하고 있는 창
일초등학교 어린이

한 사람이 2006년 2월까지 150만 명이 넘을 정도로 빠른 속도
로 널리 퍼져 나가고 있다. 이 운동에 동참한 학교나 군대의
급식에서는 남는 음식이 거의 생기지 않고 있으며, 사람들은
빈 그릇 운동을 통해 음식이 환경에 연결되어 있음을 깨닫고
있다.

더 늦춰서는 안 될 실천

우리의 끝없는 소비 욕망이 지구 온난화를 가속화하고
자원을 고갈시키며 엄청난 쓰레기를 만들어 내고 있다.
제조업자들은 제품 포장 및 유통 방식을 변화시킬 수 있고,
농민들은 더 전통적인 방식으로 농사를 짓고 가축을 키울 수 있다.
우리는 제조업자들과 농민들이 주도하는 이러한 변화를
기다리고만 있을 수 없다. 과학자들의 예측보다 지구 온난화가
더 빠르게 진행되고 있기 때문에 우리는 즉시 행동에 나서야 한다.

최악의 결과가 이미 진행되고 있다

과학자들은 지구 온난화가 가져올 최악의 결과가 수십 년 후에 닥칠 거라고 생각해 왔다. 하지만 지구 평균 기온의 상승 폭이 섭씨 1도(화씨 1.8도) 이하라고 해도 남극과 북극 그리고 높은 산 정상의 빙하는 예상보다 더 빨리 녹고 있다. 몇 년 사이에 노르웨이의 빙하는 수백 미터 뒤로 물러났다. 빙하가 녹으면 물이 흘러 나와 바다로 간다. 그린란드를 예로 들면 빙하가 바다와 만나는 곳에서 얼음덩어리들이 부서져 바다로 들어가 해수면을 상승시킨다. 해수면 상승은 저지대 침수를 비롯한 대재앙을 낳는다. 가상 시나리오가 아니라 이미 진행되고 있는 위기이다.

● 빙하는 과학자들이 예측한 것보다 더 빨리 녹고 있다.

우리 앞에 놓인 어려움을 피할 방법은 있는가?

해마다 과다하게 배출되는 수십억 톤의 이산화탄소 가운데 절반은 지구에 흡수되지만 나머지는 대기 중에 머문다. 우리가 화석 연료를 전혀 사용하지 않더라도, 지구 온도는 이미 공기 중에 과다하게 배출된 이산화탄소로 인해 올라가게 된다.

따라서 지구 전체 온도가 섭씨 2도(화씨 3.6도) 이상 상승하는
것을 막는 행동을 즉시 실천에 옮겨야 한다. 그러지 않으면 지
구 온난화는 막을 수 없을 것이다. 열대 우림은 건조해져 불이
붙고 결국 완전히 타서 없어질 것이다. 그리고 북극 주변의 툰
드라가 녹기 시작해 식물이 썩으면서 수십억 톤의 메탄과 이
산화탄소가 배출될 것이다. 이러한 온실가스가 지구 온난화
를 더욱더 가속화할 것이다.

● 우리가 지구 온난화
를 막지 않으면, 많은
농경지가 이러한 사막
이 될 것이다.

툰드라
스칸디나비아 반도 북
부에서부터 시베리아
북부, 알래스카 및 캐
나다 북부에 걸쳐 타
이가 지대의 북쪽 북
극해 연안에 분포하는
넓은 벌판. 연중 대부
분이 눈과 얼음으로
덮여 있다.

생활 방식을 바꾸면 지구 온난화를 막을 수 있다

다행히도 지구 온난화가 가져올 최악의 재앙을 막는 것은
아직 늦지 않았다. 제조업자들과 농민들은 값싼 제품과 식량

LED
발광 다이오드(Light
Emitting Diode), 즉 빛
을 내는 반도체이다.
LED 조명은 형광등보
다 비싸지만, 다양한
색을 낼 수 있고 에너
지 절약 면에서도 우
수하다.

을 엄청나게 많이 생산하고 있다. 소비자들이 값싼 것을 찾고, 그럴싸한 포장에 현혹되어 더 많이 구입하기 때문이다. 하지만 우리의 신중한 선택은 제조업자와 농민이 제품을 생산, 판매하는 방식에 변화를 가져올 수 있다.

또 우리는 자원 특히 화석 연료를 적게 쓰는 생활을 통해 지구 온난화를 막을 수 있다. 자가용을 타지 않고 대중교통 이용하기, 걸을 수 있는 거리는 가급적 걷기, 겨울에 내복 입기를 실천하고, 과잉 소비나 과시적 소비를 하지 않으면 된다. 전기 사용을 줄이려면 가정에서 백열등 대신 형광등, 그리고 형광등 대신 LED 조명을 사용하고, 쓰지 않는 전자제품의 플러그를 빼어 놓으면 된다. 쓰레기를 줄여도 이산화탄소 배출량의 30퍼센트를 줄일 수 있다.

소비를 줄이면 지구 온난화를 예방할 수 있다

물건 구입 줄이기, 수선하기, 다시 사용하기, 재활용하기는 소비를 줄이는 네 가지 방법이다. 선진국의 많은 사람들은 필요한 것이나 실제로 쓰는 것보다 너무나 많은 물건을 가지고 있다. 물건을 사기 전에 정말 필요한지, 그것을 사면 정말 기분이 좋을지 생각해 보자. 실제로 필요한 티셔츠나 구두는 몇 개일까? 물건을 살 때 가장 값싼 것을 사야 하는 것은 아니다. 값싼 물건은 보통 오래가지 않는다. 물건을 만든 사람들에게 공정한 임금이 지불되었고, 재활용되는 재료로 만든 물건을 찾아야 한다.

자원 사용도 줄이고 지구 온난화도 예방할 수 있는 최선의 방법은 상품을 사지 않는 것이다. 이와 관련해서 해마다 11월 마지막 주에 '아무

것도 사지 않는 날'이라는 캠페인이 벌어지고 있다. 현대인의 소비를 반성하는 이 캠페인은 1992년 캐나다 밴쿠버에서 시작된 이래 현재 20개국 이상이 참여하고 있다. 우리나라도 녹색연합의 주도로 1999년부터 해마다 11월 26일에 캠페인을 벌이고 있다.

• 중고 의류는 값은 싸도 품질이 좋을 수 있고, 복고풍의 옷을 찾을 때 좋다. 선진국 사람들에 비해 우리나라 사람들은 중고 의류를 꺼리는데, 자원을 아끼려면 이런 인식을 바꾸어야 한다.

좋은 먹을거리를 필요한 만큼만 구입하자

소비 중에서도 특히 음식의 구입이 중요하다. 그러나 현대인들은 음식이 생명과 건강을 좌우하고 있음에도 음식비를 아깝게 여긴다. 이러한 행태는 좋은 먹을거리의 확산에 부정적으로 작용한다. 소비자들이 외면하면 생산자가 좋은 먹을거리를 계속 생산할 수 없기 때문이다.

음식비를 많이 쓰지 않으면서 온전한 식생활을 하려면 슬로

푸드협회 회장인 카를로 페트리니(Carlo Petrini)의 말대로 좋은 먹을거리를 꼭 필요한 만큼만 사면 된다. 대부분의 현대인들이 식품 산업의 판매 전략과 의도대로 값싼 음식을 필요한 것보다 많이 사서 상당한 양을 버린다. 좋은 음식을 적게 사서 낭비하지 않고 즐기는 것이야말로 지구 온난화를 완화하면서 환경을 지키는 생태적 식생활이라 할 수 있다.

소비를 줄이는 방법에는 어떤 것이 있을까?

고장이 나면 무조건 버리지 말고, 수선할 수 있는지 살펴보자. 예컨대, 구두를 수선하면 새 구두를 사는 것보다 돈이 훨씬 적게 든다. 전자 제품도 수리해서 쓸 수 있다. 최근에 나오는 제품은 부품만 교체하면 쉽게 수리할 수 있게 되어 있다. 어떤 제품이 아주 싸서 수리할 가치도 없는 정도라면, 다음에는 더 좋은 품질의 제품을 사는 것을 고려해 보자.

많은 제품 특히 옷, 구두, CD, 책, DVD, 시디롬(CD-ROM)은 재사용이 가능하다. 입던 옷이 좋은 상태라면 자선 단체의 매장에 가져다줄 수 있다. 그러면 그 옷을 더 입을 수 있는 사람이 나타날 테고, 자선 단체는 형편이 어려운 사람을 돕는 데 필요한 돈을 모을 수 있다. 자선 단체의 매장과 중고 의류 매장에 가면 아주 싼 가격에 판매되는 좋은 질의 옷을 찾을 수

있다. 옥션과 같은 경매 웹 사이트에서 중고 제품을 사고팔 수
도 있다. 또 지역 정보지나 벼룩시장도 활용할 수 있다.

　물건을 대여하는 것도 자원을 절약하여 지구 온난화를 줄이
는 좋은 방법이다. 단기간 또는 일시적으로 필요한 물건은 빌
려 쓰면 된다. 장난감, 책, 운동 기구, 행사 용품을 대여하여 사
용할 수 있다. 특히 장난감이나 책은 적은 비용으로 많이 대여
할 수 있어서 좋다.

고기의 과잉 섭취를 삼가자

　고기를 적게 먹기 위해 완전한 채식주의자가 될 필요는 없
지만, 고기의 과잉 섭취는 삼가야 한다. 특히 붉은 고기의 과
잉 섭취는 건강에 좋지 않고, 그러한 고기를 제공하는 육우 사
육은 식량 작물을 재배할 토지를 빼앗는다. 또 공장형 사육은
동물 복지를 침해하는 것은 물론 수질 오염을 낳는다.

　육우는 먹이를 소화하면서 가스를 만들어 많은 메탄을
내뿜는다. 공기 중에 있는 전체 메탄의 약 5분
의 1이 가축에서 나온 것이다. 메탄은 같은
양의 이산화탄소에 비해 20배나 되는 열
을 지구에 가둔다.

　사람들이 고기를 많이 먹어서 육우 사육이

● 채식은 건강에 좋고
환경에도 이롭다.

늘어나면 지구 온난화가 가속화된다. 그러므로 고기를 적게 먹어야 한다.

고기 섭취는 온난화를 가속화한다

고기를 생산하는 가축은 곡물로 만든 사료를 먹여 키운다. 따라서 고기 생산에는 곡물이 필요하다. 쇠고기는 1킬로그램에 곡물 10킬로그램, 돼지고기는 1킬로그램에 곡물 5킬로그램, 닭고기나 오리고기는 1킬로그램에 곡물 2킬로그램이 든다. 곡물을 이용하여 동물성 단백질로 만드는 데 쇠고기가 가장 비효율적이고, 돼지고기가 그다음이며 닭고기나 오리고기가 가장 효율적인 것이다. 이를 보면 고기에 따라 곡물 시장과 환경에 미치는 영향이 다르다는 것을 알 수 있다.

단일 국가 가운데 인구가 가장 많은 중국에서는 닭고기나 오리고기가 많이 소비되고 있다. 경제가 성장하고 소득이 향상되어 중국 사람들이 쇠고기를 주로 먹게 된다면 엄청난 곡물 사료가 필요할 것이다. 이는 세계 곡물 시장에 영향을 미치고, 지구 온난화를 가속화할 것이다.

지속 가능성을 중시하는 생활이 필요하다

지속 가능성과 건강을 중시하며 살아가는 사람들을 로하스

족이라고 한다. 이들은 자신의 정신 및 신체 건강뿐만 아니라 후대를 위한 지구의 지속 가능성을 중시한다.

LG경제연구원이 연구하여 발표한 로하스의 생활 방식은 다음과 같다.

- 친환경적인 제품을 선택한다.
- 환경 보호에 적극적이다.
- 재생 원료를 사용한 제품을 구매한다.
- 지속 가능성을 고려해 만든 제품에 20퍼센트의 추가 비용을 지불할 마음이 있다.
- 친환경 제품의 기대 효과를 주변에 적극 알린다.
- 지구 환경에 미칠 영향을 고려해 구매를 결정한다.
- 재생 가능한 원료를 이용한다.
- 타성적 소비를 지양하고 지속 가능한 재료를 이용한 제품을 선호한다.
- 전체 사회를 생각하는 의식 있는 삶을 살아간다.
- 지속 가능한 기법이나 농법으로 생산된 제품을 선호한다.
- 로하스의 가치를 공유하는 기업의 제품을 선호한다.

- 정말 필요한 물건만 구입하자.
- 오래 쓸 수 있는 물건을 사자.
- 금세 부서지거나 훼손되는 물건은 사지 말자.
- 유기농 목화로 만든 옷을 찾아보자.
- 일부가 부서졌을 때 수선할 수 있는지 알아보자.
- 선물 포장, 봉투 등 가능한 모든 것을 재사용하자.
- 에너지 효율성 표시를 찾아보자.
- 제품이 만들어진 곳을 참고하자.
- 인터넷을 이용하여 제조 회사의 고용 기록이 좋은지 찾아보자.

•병 하나를 재활용해서 절약한 에너지로 컴퓨터 한 대를 30분간 켤 수 있다.

재활용은 자원을 절약한다

쓰지 않는 물건을 수리하거나 재사용하지 않을 경우, 가능하면 재활용하자. 종이, 유리, 금속, 플라스틱으로 만든 제품은 모두 재활용이 가능하다. 이것은 재료를 다시 사용함을 의미하며, 지구의 자원을 절약하는 데 기여한다. 또한 재활용은 물건이 버려져 쓰레기 매립지로 가는 것을 막는다. 재활용 재료로 제품을 만들더라도

에너지가 사용되지만, 기초 재료부터 만드는 것에 비하면 에너지가 훨씬 적게 사용된다. 따라서 재활용은 에너지 소비를 줄여 지구 온난화를 완화하는 데 기여한다.

재활용하려면 분리 배출해야 한다

가정에서 나오는 종이, 종이팩, 유리, 금속, 플라스틱은 각각 다른 통에 담아 분리해 두는 것이 좋다. 전자 제품은 재사용이 가능한 제품의 일부가 재활용된다.

재활용을 더욱 효율적으로 하려면 우선 병과 캔은 물로 씻고, 플라스틱의 포장 용기나 신문 등을 잘 분리해 두자. 플라스틱이라도 모두 재활용되는 것은 아니므로 재활용 마크를 확인해야 한다.

우리나라에서는 2003년부터 분리 배출 표시 제도를 시행하고 있다. 이 제도는 재활용 가능 폐기물의 분리 수거율을 높이기 위해 재활용 여부를 알아보기 쉽게 표시한 것이다.

재활용되는 플라스틱은 도안의 안쪽에 PET, HDPE, LDPE, PP, PS, PVC, OTHER라고 표시하고 있다. PET는 흔히 페트병이라 부르는 일회용 병, HDPE(고밀도 폴리에틸렌)는 세제나 샴푸 통, LDPE(저밀도 폴리에틸렌)는 우유병이나 막걸리 병 제조에 사용된다. PP(폴리프로필렌)는 맥주, 콜라 등을 담는 박스, PS(폴리스티렌)는 요구르트 병, PVC(폴리염화비닐)는 파이프나

• 재활용 플라스틱의 표시

합성 섬유 제조에 사용된다. 이 밖의 재활용 플라스틱은 OTHER라고 표시한다. 그리고 플라스틱 외의 품목에는 철, 알미늄(알루미늄), 종이, 유리라고 표시한다. 이런 표시가 있을 경우 일반 쓰레기 봉투에 넣지 말고 분리해서 배출해야 한다.

종이 재활용은 숲을 보존한다

우리나라의 연간 종이 소비량은 2008년 기준 1인당 178.8킬로그램으로 조사되었다. 이 수치는 복사 용지를 쌓은 경우 성인 키의 2배나 되는 높이에 해당하며, 세계 20위이다. 1999년에는 141킬로그램이던 것이 9년 동안 27퍼센트가 늘어났다. 용도를 보면 포장재의 비중이 가장 높다. 그나마 폐지 회수율이 높아서 2008년에 83.3퍼센트에 이르렀다. 이 기록은 제지 산업 규모 세계 10위권 이내의 국가 가운데 우리나라가 유일하다. 재활용 종이의 사용은 숲을 보존하는 결과를 가져와 지구 온난화를 예방한다.

| 재활용 종이로 절약할 수 있는 것 |

재활용한 종이 1톤으로 다음과 같이 절약할 수 있다.
- 나무 17그루
- 석유 1,400리터
- 물 26,000리터
- 쓰레기 매립지 2세제곱미터

재활용은 에너지를 절약한다

재활용을 하면 원자재와 에너지가 절약된다. 나무를 잘라 펄프를 만드는 대신 종이를 물에 적셔 펄프를 만든다. 새 유리는 석영이나 규토를 매우 높은 온도로 가열해서 만들지만, 헌 유리는 매우 낮은 온도에서도 녹일 수 있다.

새로운 알루미늄 캔을 제조하는 데는 재활용보다 20배 이상의 에너지가 사용된다. 알루미늄은 보통 흙 속에도 10~20퍼센트 들어 있으므로 원료 부족의 염려는 없지만, 원광석에서 알루미늄 1톤을 생산하는 데 약 20,000킬로와트의 전기가 필요하므로 재활용하는 것이 바람직하다. 우리가 사용한 알루미늄캔 등 알루미늄 제품을 회수해서 재생하는 데에는 보크사이트에서 알루미늄을 얻는 데 필요한 에너지의 4퍼센트만 사용해도 된다.

남은 음식이나 과일과 채소의 껍질은 영양분이 많아 화학 비료를 대신할 수 있는 퇴비를 만드는 데 쓸 수 있다.

| 재활용 제품 구입의 이점 |

물건을 재활용하는 것 못지않게 재활용 재료로 만든 물건을 찾아서 구입하는 것도 중요하다. 카드와 포장지 중에도 재활용 종이에 인쇄된 것이 있다. 이러한 제품을 사면 재료를 재활용하여 자원의 낭비를 막을 뿐만 아니라 이산화탄소의 배출도 줄일 수 있다.

이산화탄소 배출을 줄이는 방법을 찾아야 한다

재활용은 에너지를 절약하기는 하지만 새로운 제품을 만드는 과정에서 에너지를 사용한다. 그래서 재활용보다는 재사용과 수선이 더 이롭다. 화석 연료로 가동하는 발전소에서 만든 전기를 사용하여 재활용할 경우 지구 온난화를 일으키는 이산화탄소가 배출된다. 하지만 풍력이나 태양광 전기를 사용하여 재활용하면 이산화탄소가 배출되지 않는다.

라벨의 이면에 제품의 생산 방식이 숨어 있다

디자이너의 라벨을 붙여 판매하는 회사들은 소비자에게 옷 한 벌만 구입해도 생활 방식이 전부 바뀌어 합리적이고 정확하며 존경스러운 사람이 될 것처럼 유도한다.

광고하는 데 많은 돈이 들어가기 때문에 디자이너의 라벨은 비싸다. 이런 라벨의 이면을 들여다보면, 기업의 제품 생산 방식이 합리적이지도, 공정하지도 않다는 것을 알 수 있다. 제품을 생산하는 공장은 대부분 개발도상국에 있다. 공장 노동자들은 건강에 좋지 않은 작업 환경에서 장시간 노동해야 하며, 그 대

태양광 전기
태양의 빛이나 열의 에너지를 이용하여 생산한 전기

● 이 유리구슬 장신구는 재활용 유리로 만든 것이다.

가로 받는 임금은 너무 적어서 가족을 부양하기 힘들다. 이에 대한 대안이 바로 공정 무역이다.

식품 라벨에는 방부제가 명시되어 있지 않다

식품업체는 방부제를 사용한 제품에 방부제라는 말 대신 그 성분인 소르빈산칼륨, 벤조산나트륨(안식향산나트륨), 살리실산, 데히드로초산나트륨, 아질산나트륨 등으로 표시한다. 따라서 소비자들은 이러한 성분이 표시된 식품을 구입할 때 방부제가 들어 있지 않은 것으로 판단한다. 이러한 방식의 표시는 식품업체에 면죄부를 부여하는 한편, 소비자들이 식품에 대해 문제 제기를 하지 못하게 한다.

공정 무역은 왜 필요한가?

공정 무역은 곡물을 생산하는 사람이나 공장에서 일하는 사람이 정당한 몫을 받도록 보장하는 제도이다. 공정 무역을 시행하면 생산자들에게는 많은 수익이 돌아가지만, 소비자들은 물건 값을 조금만 더 내면 된다. 주로 초콜릿, 커피, 바나나와 같은 식용 작물이 대상이 된다. 공정 무역 협정에서 이득을 얻는 노동자들은 마을 협동조합에서 함께 일한다. 이는 그들이 일을 공유하고 그들이 받는 돈을 공평하게 나눔을 의미한다.

공정 무역
제품을 생산자가 생활할 수 있는 정도의 공정한 가격에 판매하는 무역이다.

협동조합
농어민, 소비자 등이 생활이나 사업 개선을 위해 만든 협력 조직

미국에서 공정 무역을 인증하는 기구의 로고

국제 공정 무역 상표 인증 기구의 로고

그들은 이윤의 일부를 깨끗한 물, 학교, 의료 등에 투자하여 마을 전체의 이익을 도모하기도 한다.

공정 무역의 개념은 40여 년간 존재해 왔지만 1988년에 공정 무역 인증 제품이 처음 나왔고, 그때부터 정식 인증 프로그램이 만들어졌다. 공정 무역의 선두 주자는 영국이다. 영국에서는 커피 14퍼센트, 바나나 30퍼센트 정도가 공정 무역으로 거래되고 있으며, 런던 푸드를 공정 무역으로 공급하려는 계획이 추진되고 있다. 공정 무역은 생산 지역의 농업 발전, 노동자의 생계 향상, 교육 및 지역 사회 발전 등의 결과를 가져오고 있다.

영국에서 공정 무역 운동을 펴고 있는 국제기구 옥스팜의 보고서에 따르면, 2001~2002년 영국의 최종 소비자가 우간다에서 생산된 커피에 지불한 돈 가운데 우간다 농민에게 돌아간 몫은 0.5퍼센트에 불과했다. 나머지는 다국적 기업이 대부분인 가공·판매업자와 중간 상인들이 차지했다(125쪽 그림 참조). 에티오피아에서 커피를 경작하고 있는 농민의 1년 수입은 60달러(약 6만 6,000원)이다. 과테말라 집단 농장의 농민들은 커피콩 100파운드를 수확해도 3달러(약 3,300원)밖에 손에 쥘 수 없다. 케냐에서는 커피 생산 인구의 3분의 1이 15세 미만이다. 공정 무역은 농산물 등의 무역에서 이루어지고 있는 이러한 불공정 거래를 개선하기 위한 것이다.

공정 무역은 어떻게 이루어지고 있나?

공정 무역 인증 품목에는 커피, 차, 코코아, 살구, 주스, 설탕, 향료, 허브, 면화, 화훼, 꿀, 와인, 럼주, 바나나, 망고, 파인애플, 여러 가지 생과일 및 말린 과일 등이 있다.

공정 무역 상표를 붙일 수 있는 요건은 다음과 같다.

- 해당 상품 유통 체인의 모든 단계(생산, 무역, 처리, 도매)가 정해진 기준에 맞아야 한다.
- 소농민(가족끼리 소규모로 농사짓는 농민)들은 협동조합을 만들거나, 다른 민주적 참여가 보장되는 집단을 조직해야 한다.
- 많은 노동자가 일하는 대규모 농장(플랜테이션)과 식품 공장은 노동자들에게 적정 수준의 임금과 의료 서비스, 안전한 작업 조건, 환경 기준에 맞는 작업 방식을 부여해야 한다. 또한 노동자들의 조합

• 국제기구 옥스팜은 우간다에서 생산된 커피가 팔리더라도 농민들은 거의 수익을 얻지 못한다고 보고했다.

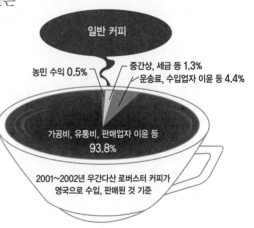

일반 커피

농민 수익 0.5%   중간상, 세금 등 1.3%
운송료, 수입업자 이윤 등 4.4%

가공비, 유통비, 판매업자 이윤 등
93.8%

2001~2002년 우간다산 로버스터 커피가 영국으로 수입, 판매된 것 기준

최저 임금
근로자에게 그 아래로
지급해서는 안 된다고
정한 임금. 국가가 법
률로 정하기도 하고,
노동자와 고용인 사이
에 단체 협약으로 정
하기도 한다.

결성이나 기타 단체 구성을 허용하고, 무주택 노동자에게 주택을 제공해야 한다. 어린아이들에게 일을 시키거나 노동자들에게 강제로 노동을 시키는 것은 물론 금지되어 있다.

• 기업은 해당 상품에서 얻은 추가 이익을 생산 당사자의 이익을 위해 활용할 것을 보장해야 한다.

공정 무역 상표 인증 기구는 이러한 최소한의 기준에 덧붙여, 제품을 만드는 기업들에게 노동 조건, 제품의 질, 환경의 지속적인 개선을 요구하고 있다.

| 하청 회사 노동자들의 최저 임금 |

값싼 옷을 생산하는 기업은 그 옷을 납품하는 하청 회사 노동자에게 적어도 그 노동자의 나라에서 정한 최저 임금을 지불해야 한다. 경제학자들은 방글라데시 국민 한 사람의 1개월 생활비를 22파운드로 산정하지만, 방글라데시의 최저 임금은 12파운드에 불과하다. 방글라데시의 의류 공장에서 일하는 가장 숙련된 노동자도 1주일에 80시간이나 일하고 시간당 5페니(한 달에 16파운드)를 받는다. 기업이 노동자들에게 충분한 임금을 주고 있다고 생각할 수 있겠는가?

식량 생산에서의 공정함이란 무엇인가?

일반적으로 공정 무역은 생산자들의 노동력에 대한 충분한 보상에 국한되지만, 식량 생산에서는 공정함이 더 포괄적인 개념으로 여겨진다. 국제 슬로푸드협회 회장인 카를로 페트리니는 식량 생산에서 공정함은 사회적 정의, 노동자와 그들의 노하우, 농촌의 풍습과 삶에 대한 존중, 노동에 걸맞은 보수, 좋은 생산물에 대한 만족, 항상 사회적으로 지위가 낮았던 소농들에 대한 명확한 재평가를 의미한다고 말했다.

우리나라의 공정 무역, 어디까지 와 있나?

우리나라의 공정 무역은 2003년 9월, 아름다운가게가 아시아 지역에서 수입한 수공예품을 판매한 것에서 시작되었다. 2004년에는 두레생협이 필리핀 마스코바도 설탕을 들여와 공정 무역 제품으로 판매했다. 이후 한국YMCA와 아름다운가게가 원두커피를 팔면서 공정 무역 운동이 확산되기 시작했다. 현재 아름다운가게, 두레생협, 한국YMCA, ㈜페어트레이드코리아, 한국공정무역연합, 아이쿱(iCOOP)에서 공정 무역 제품을 팔고 있다. 이 6개 기관의 매출액 합계는 2007년 9억 4천만 원에서 2008년 28억 5천만 원으로 1년 사이에 149퍼센트나 늘어났다.

특히 사회 약자를 돕는 곳에서 공정 무역 매출이 늘어난 것

국내 공정무역 매출액 추이(단위 : 만 원)

※ 아름다운가게, 아이쿱, 두레생협, 한국YMCA,
　(주)페어트레이드코리아, 한국공정무역연합 등 6개 기관의 총액

285,000

94,000

41,600

16,000

7,140

2004년　　　2005년　　　2006년　　　2007년　　　2008년

출처 : 아이쿱생활협동조합

이 눈에 띈다. 한국YMCA와 사회복지공동모금회가 공동으로
지원하는 공정 무역 커피 전문점 '카페 티모르'가 대표적이
다. 이곳에서는 공정 무역 커피를 수입해 개발도상국 노동자
들을 돕고, 그 수익금을 여성 가장, 미혼모, 장기 실업자 등 사
회 약자들의 자립에 쓰고 있다.

　최근에는 '착한 여행'이라고 불리는 대안 여행도 등장했다.
유럽에서 1980년에 태동한 대안 여행은 2~3년 전에 우리나
라에 소개된 이후 점점 관심이 늘어나고 있다. 착한 여행은 단
지 즐기기만 하는 여행이 아니라 여행객들이 지역 경제 살리
기와 환경 운동에 적극 동참하는 여행이다. 현재 여행사에서
진행하는 착한 외국 여행, 사회적 기업의 '대안 여행 기업가
양성 프로그램'이 인기를 끌고 있다.

공정 무역 제품은 믿을 만한가?

많은 사람들이 개발도상국 노동자들을 착취하면서 생산된 제품 대신 공정 무역 제품을 사는 데 관심을 기울이고 있다. 대기업들도 공정 무역 제품을 공급하기 시작했다. 좋은 소식이기는 하지만 주의를 기울여야 한다. 몇몇 기업은 제품에 공정 무역을 표시하지만, 생산 과정의 일부만 그러한 표시에 합당할 수 있기 때문이다. 예를 들어 공정 무역 협정하에 생산된 목화로 만든 옷에는 공정 무역 라벨이 붙어 있지만, 이 옷은 방글라데시 사람들의 노동력을 착취하는 스웨트숍(sweatshop)에서 만든 것일 수 있다. 이런 경우 옷에 공정 무역 라벨을 붙이는 것은 합당하지 않다.

● 메뉴에서 공정 무역 제품을 선택할 수 있는 카페 체인점이 늘어나고 있다.

스웨트숍
노동자들이 매우 낮은 임금을 받는 공장

작은 실천이 미래를 바꿀 수 있다

여러분이 제품을 사거나 사지 않는 것이 기업에 영향을 미칠 수 있다. 또 새로운 제품을 적게 사고, 오래된 제품을 재사용하고 수리해서 쓰고 재활용함으로써 지구 온난화를 늦출 수 있다. 물건을 사는 방식이나 쓰레기 처리 방식을 변화시키도록 친구들을 설득하는 것도 중요하다.

예를 들면, 여러분의 학교가 쓰레기를 재활용하는지, 자원을 낭비하지 않는지에 관심을 기울여야 한다. 학교는 가정보다 훨씬 많은 에너지를 사용하기 때문이다. 사무실이 많이 있는 기업 역시 많은 에너지를 사용하고 있다. 따라서 이러한 기관에서 재활용을 하거나 에너지 사용을 줄이면 지구 온난화를 늦추는 효과가 더 크다고 할 수 있다.

　기업이 지구 온난화의 완화에 얼마나 기여하는지를 평가해서 널리 알리는 것도 중요하다. 미국에서는 식품 제조 회사 및 식품 서비스 회사가 지구 온난화의 완화에 기여하는 정도를 평가해서 발표했다. 이러한 평가를 소비자들에게 알리면 식품 회사는 기업의 이미지 관리를 위해 지구 온난화의 완화를

● 탄소 거래는 회사들이 야간에 빈 사무실의 전등을 꺼서 에너지를 더 절약하게 한다.

위해 더욱더 노력할 가능성이 크다. 이 방법은 식품 회사를 변화시키는 데 유용한 수단이 될 수 있다.

탄소 거래
회사나 국가가 각각 배출할 수 있는 탄소의 중량을 할당받는 제도

탄소 거래 아이디어란 무엇인가?

2006년에 전 세계 사람들이 이산화탄소를 약 770억 톤이나 배출했는데, 이것은 지구가 흡수할 수 있는 이산화탄소의 두 배나 된다. 국가들이 동의한다면 이산화탄소 배출량을 반으로 줄이기 위해 각국이 배출할 수 있는 이산화탄소의 양을 계산할 수 있다. 한 국가 내의 병원, 학교, 정부 기관과 같은 큰 회사나 기관은 이산화탄소의 허용치만 배출하도록 한다. 이 것이 탄소 거래 아이디어의 일부이다.

탄소 거래 제도에 따라 대기업들은 각각 일정한 양의 이산화탄소를 할당받는다. 한 회사가 허용치를 초과하여 이산화탄소를 배출하면 그 회사는 이산화탄소를 덜 배출한 회사로부터 초과 사용량을 구입해야 한다. 이런 방식으로 하면 청정 회사들은 돈을 벌 수 있다. 몇몇 유럽 국가들은 이런 아이디어를 실현하려고 노력하고 있지만, 허용치가 충분히 낮게 정해져야만 이 제도가 진가를 발휘할 수 있다.

공해를 발생시키는 대기업이 공해를 줄이지 않고 현재처럼 계속 질주하는 것은 지극히 위험하다. 이렇게 되면 지구 온난화를 줄이는 노력이 수포로 돌아갈 수 있다.

세계 탄소 시장의 거래 규모는 지난 2007년 640억 달러 규모에서 2010년에는 1,500억 달러까지 확대될 것으로 전망되었다. 우리나라 기획재정부는 최근 세계은행이 발간한 자료 등을 토대로 작성한 〈세계 탄소 시장 동향 보고서〉에서, 대부분의 전문가들이 교토 의정서 공약 기간이 끝나는 2012년 이후 기후 변화 체제에서도 탄소 시장이 높은 성장세를 이어 갈 것으로 전망한다고 밝혔다.

탄소 거래와 더불어 요즘 선진국에서는 탄소세가 논의되고 있다. 탄소세란 생산 과정에서 발생하는 이산화탄소에 부과하는 세금을 말한다. 특히 기후 변화에 가장 큰 위협이 되는 육류에 탄소세를 부과해야 한다는 주장이 설득력을 얻고 있다. 국제연합식량농업기구(FAO)는 최근 보고서에서 2050년까지 소의 사육이 70퍼센트나 증가할 것으로 추정하고, 가축에 세금을 부과할 것을 제안했다.

선진국들은 어떤 탄소 감소 정책을 실시하고 있나?

선진국들은 탄소를 줄이기 위해 인증 표시를 붙이는 탄소 라벨링 제도를 마련했다. 영국은 탄소 감소 라벨, 미국은 탄소를 고려한 생산 라벨, 스웨덴은 기후 선언 라벨, 캐나다는 탄소 계산 탄소 라벨 제도를 실시하고 있다.

일본은 2050년까지 온실가스 배출을 60~80퍼센트 낮추어 저탄소 사회를 실현하고자 정부, 기업, 비정부 기구, 개인들이 노력을 기울이고 있다. 일본의 환경 정책을 맡고 있는 환경성은 저탄소 사회 실현을 위한 12가지 방안을 제안했다.

톱러너
에너지 효율이 가장
우수한 제품

- 쾌적하면서도 열 손실이 없는 주택과 사무실을 설계한다.
- 톱러너(Top runner) 기기를 빌려 씀으로써 고효율
  에너지 절약 기기의 초기 비용 부담을 줄인다.
- 안심할 수 있고 맛있는 제철 소비형 농업, 노지 재배
  추진으로 농업 경영에서 저탄소화를 도모한다.
- 산림과 공생하는 삶을 추구하고 건축물, 가구에 국산
  목재를 적극 이용한다.
- 사람과 지구에 책임을 지는 산업 및 서비스를 추구하고,
  저탄소형 제품 및 서비스를 개발하고 판매한다.
- 원활하되 낭비 없는 물류 시스템과 낭비 없는 생산을
  추구하고, 재고를 줄인다.
- 보행에 편리한 거리를 조성하고, 걸어서 출퇴근하며,
  대중교통을 이용한다.
- 온실가스 배출을 최소화하는 계통 전력의 발전 효율 향상 등
  으로 환경 부담을 줄인다.
- 각 지역에서 태양광과 풍력을 에너지로 쓰고, 재생 가능한
  에너지를 통해 생산한 전력을 지역에서 최대한 활용한다.
- 차세대 에너지를 공급하고 수소, 바이오 연료 연구 개발을

추진한다.

- 라벨 표시 등을 통해 현명한 선택을 하도록 유도하고, 이산화탄소 배출량 등을 상품에 명시한다.

- 저탄소 사회의 담당자를 만든다.

출처 : 김해창, 〈일본, 저탄소 사회로 달린다〉, 이후

왜 개발도상국의 이산화탄소 배출을 더 허용해야 하나?

1인당 온실가스를 많이 배출하는 국가는 유럽, 북아메리카, 오세아니아 대륙의 산업화된 선진국들이다. 지구 온난화를

•소프트드링크 캔으로 만든 장난감. 개발도상국 사람들은 물건을 만들 때 재료의 재활용을 잘한다.

완화하려면 이런 국가들이 이산화탄소 배출량을 반 이상 줄여야 한다. 왜냐하면 개발도상국은 산업화가 진행될수록 더 많은 이산화탄소를 배출할 수밖에 없고, 이로 인해 늘어나는 이산화탄소를 선진국에서 더 줄여야 하기 때문이다.

중국과 인도는 빠르게 산업화되고 있어서 이산화탄소 배출량도 크게 늘어나고 있다. 국가들이 동의한다면, 국가별 이산화탄소 배출량을 정할 때 개발도상국에서 배출하는 이산화탄소의 대부분이 선진국을 위한 제품과 곡물을 생산하는 공장과 농장에서 배출된다는 점을 고려해야 한다. 이는 개발도상국의 이산화탄소 배출 허용량을 더 늘려야 하며, 선진국의 이산화탄소 배출량을 더 제한해야 한다는 것을 뜻한다. 따라서 선진국이 좀 더 많이 양보해야 하므로 쉽지 않은 결정이라고 할 수 있다.

| 개발도상국에서 배울 소비 습관 |

선진국 사람들은 개발도상국에서 많은 점을 배울 수 있다. 개발도상국의 사람들은 물건을 더 적게 사고 더 적게 소유하며, 낭비하는 일이 거의 없다. 그들은 다른 사람들이 버리는 것을 재사용하고, 새로운 물건을 만들 때 재료를 재활용한다. 선진국 사람들도 개발도상국 사람들의 소비 습관을 배운다면 지구 온난화를 완화하는 데 도움이 될 것이다.

우리나라는 어떤 탄소 감소 정책을 실시하고 있나?

우리나라에서는 서울시 강남구청이 에너지관리공단과 연계하여 국내 최초로 탄소마일리지 제도를 운영했다. 하지만 이 제도는 2011년 7월 1일부터 서울시에서 주관하는 서울 에코마일리지에 통합되었다. 서울 에코마일리지는 홈페이지(http://ecomileage.seoul.go.kr)에 가입한 회원들 중 온실가스를 줄인 회원에게 인센티브를 주는 제도이다.

인센티브를 주는 기준은 가정은 기준 사용량(최근 2년) 대비 6개월간 월평균 전기, 수도, 도시가스 중 2개 항목에서 10퍼센트 이상 온실가스를 줄인 경우이며, 단체는 기준 사용량 대비 실적이 우수한 학교, 아파트 단지, 상업 건물 등 연간 70개소이다.

가정의 경우 에코마일리지 카드가 발급되었으면 에너지 절감 기준 달성 시 6개월마다 최대 5만 포인트를 준다. 이 포인트는 제휴 카드를 통해 가맹점에서 사용할 수 있고, 현금으로도 전환할 수 있다. 에코마일리지 카드가 발급되지 않은 경우 녹색 제품이나 나무 교환권 등을 제공하고, 녹색 제품을 구입할 때 사용할 수 있는 할인권을 제공한다.

우수 단체에는 나무를 심거나 에너지 효율이 높은 시설을 설치할 수 있는 비용을 지원한다. 연간 학교와 아파트 단지는 각각 20개소를 정해서 1개소당 1,000만 원을 지원한다. 상업 건물은 연간 10개소에 각각 1,000만 원, 20개소에 각각 500만

원을 지원한다.

광주광역시도 가정에서 줄인 에너지를 환산하여 탄소 포인트를 제공하는 제도를 마련했다. 이 제도에 따라 주민들은 광주은행에서 발급하는 탄소그린카드에 탄소 포인트를 모아 두었다가 현금처럼 쓸 수 있다.

우리나라는 1990년 대비 2008년 탄소 배출량이 배로 늘어 탄소 배출량을 크게 줄여야 하는 국제적 압력을 받고 있다. 서울시와 광주광역시가 실시해 온 탄소 감소 정책을 전국으로 확대해서 국민들이 탄소 감소를 생활화할 필요가 있다.

유용한 웹 사이트

www.hydrogen.co.uk 와 같은 웹 사이트는 특정 주제에 대한 정보를 제공
한다. 이 웹 사이트에서 수소를 연료로 이용하는 것의 가능성과 이점을 살
펴볼 수 있다. 다음은 지구 온난화의 영향과 완화를 위한 실천 방안을 잘 보
여 주는 웹 사이트이다.

■ 지구 온난화

www.bbc.co.uk/climate/
영국 공영 방송 BBC가 만든 웹 사이트이다. 온실가스의 효과,
지구 온난화의 영향, 적응 방안을 간단하고도 명료하게 설명하고 있다.

www.epa.gov/climatechange/
미국 환경보호국의 웹 사이트로 지구 온난화의 영향을 설명하고,
다양한 실천 방안을 제시하고 있다.

www.ecocentre.org.uk/global-warming.html
온실가스의 배출원, 온실가스의 영향에 대해 설명한다.

http://archive.wri.org/climate/topic_data_trends.cfm
세계 지도에서 국가 및 대륙별 이산화탄소 배출량을 보여 준다.

www.energyquest.ca.gov/story/chapter08.html
석탄, 원유, 천연가스가 어떻게 형성되었는지를 설명한다.

www.commondreams.org/headlines06/0312-03.htm
대서양에서 일어나고 있는 지구 온난화 위기를 다룬 옵저버(Observer)
신문 기사를 제공한다.

www.climatehotmap.org/
세계자원연구소, 환경방어, 세계야생기금을 포함한 몇몇 단체가 만든
웹 사이트로, 국가별 지구 온난화 초창기의 경고 표시를 보여 주는
지도를 제공한다.

www.earthinstitute.columbia.edu/crosscutting/climate.html
미국 컬럼비아대학교 지구연구소의 웹 사이트이다.

www.greenpeace.org.uk/climate/climatechange/index.cfm
영국의 환경 운동 단체인 그린피스(Greenpeace)의 웹 사이트이다.

www.sierraclub.org/globalwarming/qa/
지구 온난화와 실천 방안을 다루고 있는 웹 사이트이다.

www.climatecrisis.net/
영화 '불편한 진실(An Inconvenient Truth)'의 웹 사이트로 지구 온난화에 대한 사실과 실천 방안을 다루고 있다.

http://blog.businessgreen.com/science/index.html
그린 테크놀로지의 발전에 관한 최근의 뉴스를 제공한다.

| 바다에서 식물 키우기 |

오스트레일리아의 과학자 이안 존스(Ian Jones)는 어떤 비료를 넣으면 바닷속 먹이 사슬에서 먹이가 되는 피토플랑크톤이라는 미세한 식물의 수가 늘어난다는 사실을 발견했다. 육지의 식물처럼 이 바닷속 식물도 죽어 바다의 바닥에 가라앉을 때 이산화탄소를 가져감으로써 이산화탄소를 흡수한다. 그가 발견한 가장 좋은 비료는 오줌의 주성분인 요소이다.

■ 항공 수송

www.guardian.co.uk/kenya/story/0,,1928004,00.html

원예 회사들이 케냐 농민들에게서 어떻게 물을 빼앗았는지를 보여 준다.

■ 면화

www.stepin.org/casestudy.php?id=ecofashion&page=9

유기농으로 재배한 면화와 농약으로 재배한 면화를 비교하고 있는
교육 웹 사이트이다.

■ 식량과 화석 연료

www.corporatewatch.org.uk/?lid=2713

식량 생산이 화석 연료에 의존하는 것을 의미하는
화석 식량(fossil food)에 대한 글이 실려 있다.

www.ecoliteracy.org/publications/rsl/tom-starrs.html

화석 연료 사용과 이산화탄소 배출을 줄이기 위한 음식의
선택 방법을 알려 준다.

■ 유기농

www.soilassociation.org/web/sa/saweb.nsf/living/index.html

유기농 운동 단체인 토양협회(Soil Association)의 웹 사이트로
유기농산물 구입의 필요성을 알려 준다.

www.newscientist.com/article.ns?id=dn6496

유기농업이 다양성 증대에 기여하고 있음을 다룬 뉴사이언티스트(New
Scientist) 기사를 볼 수 있다.

■ 수소 연료

www.hydrogen.co.uk/h2/hydrogen.htm

수소가 재생 가능한 에너지원에서 생산되어 건축과 수송에 동력으로 쓰일
수 있다는 것을 그림으로 보여 준다.

■ 탄소 상쇄

www.carbonfootprint.com/calculator.html

여러분의 가족이 배출하는 이산화탄소의 양을 계산할 수 있는
웹 사이트이다.

참고 문헌

국립환경과학원, 〈신토불이 밥상이 지구 온난화 막아〉, 2009.

김종덕, 〈농업의 세계화와 대안 농업〉, 《농촌사회》 12집 1호, 2002.

_____, 《슬로푸드 슬로라이프》, 한문화, 2003.

_____, 《먹을거리 위기와 로컬푸드》, 이후, 2009.

김종덕 외, 《균형된 음식과 식사를 위한 농업, 농촌의 이해》, 농촌진흥청,
        2007.

김창길, 김태영, 〈국내외 친환경 농축산물의 생산 및 인증 실태〉, 2006.

김해창, 《일본, 저탄소 사회로 달린다》, 이후, 2009.

일본 뉴턴프레스, 《지구 온난화》, 뉴턴코리아, 2009.

레이첼 카슨, 김은령 역, 《침묵의 봄》, 에코리브르, 2002.

박명희, 《생각하는 소비문화》, 교문사, 2006.

존 벨라미 포스터 외, 박민선 외 역, 《이윤에 굶주린 자들》, 울력, 2006.

브라이언 핼웨일, 김종덕 외 역, 《로컬푸드》, 시울, 2006.

산업자원부, 〈기후 변화 대응 신국가 전략〉, 2007.

윤순진, 〈농업과 기후 변화의 완화 : 에너지 소비와 생산을 중심으로〉,
        《농촌사회》 17(1): 91-127, 2007.

제레미 리프킨, 전영택 외 역, 《바이오테크 시대》, 민음사, 1999.

_____, 신현승 역, 《육식의 종말》, 시공사, 2002.

조지 리처, 김종덕 역, 《맥도날드 그리고 맥도날드화》, 시유시, 1999.

카를로 페트리니, 김종덕, 이경남 역, 《슬로푸드 느리고 맛있는 음식
        이야기》, 나무심는사람, 2003.

카를로 페트리니, 김종덕, 황상원 역, 《슬로푸드 맛있는 혁명》, 이후, 2008.

농림부, 농림업 주요 통계 자료, 2006.

헤이즐 헨더슨, 정현상 역, 《그린 이코노미-지속 가능한 경영을 위한
        13가지 실천》, 이후, 2008.

Church, Norman, *Why Our Food Is So Dependent On Oil*, 2005.

Cohen, Erik, *The Sociology of Tourism: Approaches, Issues, Findings,* Annual Review of Sociology 10: 373-392, 1984.

Greenhouse, Steven, *The Rise and Rise of McDonald's*, New York Times, 1986. 6. 8 section 3, 1면.

Ikerd, John, *The High Cost of Cheap Food,* Small Farm Today, July/August, 2001.

Keys, Ancel Benjamin, *The Biology of Human Starvation,* Minnesota University, Laboratory of Physiological Hygiene, 1950.

McKewon, Alice and Gary Gardner, *Climate Change Reference Guide,* Worldwatch Institute, 2009.

Tasch, Woody, *Inquiries into the Nature of Slow Money: Investing as if Food, Farms, and Fertility Mattered,* Chelsea Green Publishing, 2008.

Tubiello, F. N. and G. Fischer, *Reducing climate change impacts on agriculture: Global and regional effects of mitigation, 2000-2080,* Technological Forecasting and Social Change 74: 1030-1056, 2007.

Whit, William C., *Food and Society: A Sociological Approach*, Dix Hills, N.Y.: General Hall, 1995.

Witkowski, Terence H., *Understanding the Cultural Footprint of Global Food Marketing in Developing Countries*, presented as a Poster at the 2006 Conference on Corporate Responsibility and Global Business, July 13-14, 2006, London Business School.

글 안젤라 로이스턴

에든버러대학교를 졸업한 후 영국 런던에서 살고 있다. 과학이 세상을
이해하는 데 도움을 준다는 생각에서 어린이와 청소년에게 과학을
알기 쉽게 설명하는 책을 쓰고 있다. 환경 문제에도 관심이 많아
여러 해 동안 공정 무역 제품과 유기농산물 구입을 실천하고 있다.
지은 책으로 《지구 온난화》《대기 오염》《지속 가능한 사회》
《초콜릿은 어떻게 만들어질까?》가 있다.

편역 김종덕

경남대학교 사회학과 교수이며, (사)슬로푸드문화원 부이사장과
평택농업희망포럼 이사를 맡고 있다. 슬로푸드와 로컬푸드의
확산을 위해 노력하고 있으며, 음식 문맹자를 음식 시민으로
거듭나게 하는 식생활 교육에도 힘을 쏟고 있다. 지은 책으로
《어린이 먹을거리 구출 대작전》《비만, 왜 사회 문제가 될까?》
《먹을거리 위기와 로컬푸드》《농업사회학》《슬로푸드 슬로라이프》가
있고, 《맥도날드 그리고 맥도날드화》외 여러 권을 우리말로 옮겼다.

미래를 여는 소비

처음 펴낸 날 | 2010년 10월 15일
네 번째 펴낸 날 | 2015년 5월 15일

글 | 안젤라 로이스턴
편역 | 김종덕

펴낸이 | 김태진
펴낸곳 | 도서출판 다섯수레
등록일자 | 1988년 10월 13일
등록번호 | 제 3-213호
주소 | 경기도 파주시 광인사길 193 (문발동) (우 413-120)
전화 | 02)3142-6611(서울 사무소)
팩스 | 02)3142-6615
홈페이지 | www.daseossure.co.kr

ⓒ다섯수레, 2010

ISBN 978-89-7478-345-7 43530
ISBN 978-89-7478-344-0(세트)

이 도서의 국립중앙도서관 출판시도서목록(CIP)은 서지정보유통지원시스템
홈페이지(http://seoji.nl.go.kr)와 국가자료공동목록시스템
(http://www.nl.go.kr/kolisnet)에서 이용하실 수 있습니다.
(CIP제어번호: CIP2010003516)